U0339942

植物会思考吗？

［西］帕科·卡尔沃（Paco Calvo）［英］纳塔莉·劳伦斯（Natalie Lawrence）著
高天羽 译

PLANTA SAPIENS

The New Science of Plant Intelligence

CNS 湖南科学技术出版社 博集天卷 CS-BOOKY
·长沙·

本书献给安娜贝尔

绿色，我多么喜欢的绿色。

——费德里科 · 加西亚 · 洛尔迦

目录

Contents

前　言 /001

序　章　让植物睡着 /001

第一部　换一种眼光看植物 /013

第一章　植物盲 /014

第二章　寻求植物的视角 /028

第三章　聪明的植物行为 /046

第二部　对植物智能的科学研究 /065

第四章　植物的神经系统 /066

第五章　植物会思考吗？ /081

第六章　生态学上的认知 /096

第三部　长出果实 /111

第七章　做一株植物是什么感觉？ /112

第八章　植物的解放 /132

第九章　绿色机器人 /150

后　记　海马体的育肥场 /164

致　谢 /167

参考资料 /171

图片来源 /203

谁也不知道要到什么地方去找他们。

风吹着他们到处跑。

他们没有根，所以生活很不方便。

——安托万 · 德 · 圣埃克苏佩里《小王子》

前　言

Preface

多年来，我一直在试着理解一类与我们相差很大的生物的体验：我想要揭开植物智能的本质。这是一个非同小可的课题。虽然相关的科学研究还远未完成，但是我们迄今的发现已经向我们指出还要找寻什么了。这本书是我对过去二十年激情探索的总结，探索的对象是一个丰富而另类的世界，它与我们的世界平行存在着。

我的冒险始于 2006 年，那一年我读到了一本从神经元角度探讨植物生活的书，由弗兰蒂泽克·鲍卢什考（František Baluška）、斯蒂法诺·曼库索（Stefano Mancuso）和迪特尔·福尔克曼（Dieter Volkmann）三位科学家编纂。这听起来好像有些古怪：植物哪来什么神经元呢？我自己也从来没有从这个角度思考过植物。但是第二年，我在斯洛伐克的上塔拉特山参加完植物神经生物学学会（Society of Plant Neurobiology）的一场会议之后，却不禁为这个想法深深着迷。接着我就踏上了一段漫长的旅程，去往世界各地，从英国伦敦、爱丁堡和美国纽约的植物园，到印度、中国、巴西、智利和澳大利亚，甚至还有毛里求斯的雨林。但是，我在物理上穿越的距离，远不能和我在精神上踏足的领域相比。

在这项研究中我明白了一个道理，就是人类会不由自主地从个体经验中得出关于世界的宏大结论。这固然是我们成为智慧生物的原因之一，但也使我们的眼光格外狭窄。

即便是人类历史上最优秀的思想家，也不免会表现出目光短浅的倾向。古希腊的哲学家们曾经在我们的思想史上种出累累硕果，但他们对世界的看法却真切地反映了他们的局限性。在古希腊人看来，希腊的权力中心德尔斐神庙也是世界的地理中心。他们将这座神庙称为“翁法洛斯”（Omphalos），即世界的肚脐。据说宙斯曾在世界两端放出两只一模一样的鹰，而德尔斐神庙就是它们的会合之处。神庙里的德尔斐神谕受到古代世界的一致推崇。朝圣者会连日步行来到帕纳塞斯山脚下的这处圣所，因为向德尔斐神谕求教就等于直接拉扯宇宙的脐带。

我本人也在2019年来到德尔斐，来参加一场思想者的盛会，与会者包括哲学家、科学家和创作者。我们的这次会议是为了探讨人类在世界上的地位。说不清是出于真诚还是反讽，我们将开会的地点选在了这个古典世界的肚脐，在这里思考人类自恋自大的习性，并设想该如何超越这种自大。古希腊并不是唯一患上“翁法洛斯综合征”的文明，即相信自己的社会政治中心也是宇宙的中心。这是从古至今延绵不绝的一种习性：无论作为个人还是社会，我们都有一种认为世界围绕我们运转的倾向。这让我们惹出了许多麻烦，有生态的、政治的，也有心理的。如今，这群无畏的思想者在德尔斐齐聚一堂，为的是解开人的本质、人类与环境互动的本质。我们要找到新的思考方式，以适应一种不同的将来——那或许能使我们与其他生物的联合变得更加成熟和紧密。

那个周末，我们有幸探访了当地的考古现场。当我站在这座阿波罗神庙废墟前的大片空地，环顾四周的褐色碎石山坡时，我想到了据说曾经镌刻于其上的一句话：“认识你自己”。这是一条简单的训示，却也是一个人一生的修行。它肯定不是一百个人开一场会就能解决的，即便那一百个人都是知识分子。我当时有一种强烈的预感，那就是我们要换一种非常不同的思路，才能深入思考这些问题，从其他物种身上获益，进而以新的眼光探索自己的心灵。但当时的我还不明白，我的思路转换将会到达怎样的程度。

德尔斐的经历深深改变了我。它的风景本身已经反映出我们想要解答的问题：浓郁的历史气息与鲜活的现实相互交错，考古遗迹静卧在葱郁的森林和草地中。然而面对这样一片景致，我们却只看到些残垣断壁和过去留下的微弱痕迹。我们只隐约注意到了这里的生物正进行着活动，人类的造物则被它们当作活动的舞台。在这里，我才清晰地意识到，要“认识你自己”，你的思想就必须远远超越自身，甚至超越自己的物种。一个人只有了解了他者，才能认识自身。我们必须去思考与我们截然不同的生物的体验，无论它们是多么原始或多么复杂。它们与我们是如此不同，乃至它们的体验可能并不来自我们熟悉的动物式的思考机制，无需大脑、神经元或是突触。就这样，我思考起了植物的智能。

我们都深深地被禁锢于智力源于神经元、意识源于大脑的想法，很难想象还有其他类型的内心体验。这本书光是书名本身就可能引发一些人的嘲笑与惊愕。这也可以理解：它毕竟质疑了人类体验的根基。为了勾勒一幅不使用大脑思考的图景，本书将会触及神经科学、植物生理学、心理学和哲学的前沿课题，并深入探讨身为一株植物可能是怎样的感受。我将会播下几粒科学证据的种子，并谨慎地观察它们会随着研究的进行长到哪里。

谨慎是必需的：无论你是对植物拥有智能的说法深表怀疑，还是对其他生命形式拥有超自然智慧的理论热切相信，都要谨慎地拓展思维。我们对世界的理解或将彻底改变，但这种改变也必须有所节制，要随着证据的浮现步步为营。我既不想狭隘地无视科学正在揭示的惊人可能，也不想开创一种新的万物有灵教，鼓吹自然崇拜。这本书是写给每一个人的，你既可以认为植物可能有智能，也可以认为它们不可能有。无论持有何种成见，你都会在书中遭到挑战。所以不妨抛掉成见，打开心灵，踏上证据为我们铺设的道路——如果我们准许自己看到这条路的话。

前方的发现或许会吓到我们：理解这世上其他的生存方式，很可能会让我们明白人类的智能并不像我们认为的那样独特。我们才刚开始承认人类以外的动物或许也有智能，再要接受植物可能也有，就需要彻底转变思路了。在某个空想的等级体系中失去自封的至高地位，或许会令人感到屈辱，但如果真能转变认知，就会获得奇妙的奖赏。关键是，套用荷兰灵长类学家弗朗斯·德瓦尔（Frans de Waal）的一句问话：我们有没有聪明到能理解植物有多聪明？或许还可以追问一句：我们有没有这个勇气？

这项研究始于我们自己的头脑。查尔斯·达尔文在发展他的自然选择进化论时，使用了一件非常强大的工具，那不是科学仪器或者生物样本，而是他自己的身体在空间中的运动。每一天，早晚各一次，他都会沿着肯特郡唐恩村（Downe）自家土地边缘的一条砂石小路行走，小路名叫“沙土道”（Sand Walk）。他将这条路线称为自己的“思想小道”（thinking path）。无论下雨、天晴还是雨夹雪，达尔文总会在沿途植物和动物的陪伴之下，思索他的阅读、通信和实验。和许多思想家一样，他喜欢用身体的运动来推进思维，并帮助想法生长。

在为写作本书开展的旅行中，我原本希望最后一程能前往达尔文的故居，像他一样亲身体验一回那条砂石小道在我的脚下嘎吱作响的感觉。我已经想好了在那片女贞篱笆和乔木的环绕中写下这篇前言，当年它们也曾弯下腰来，倾听达尔文那严谨而博大的思想。但悲哀的是，新冠疫情的阻隔使我不能亲自去那里朝圣。作为替代，我只能在内心重走了一遍我自己的“思想小道”，那是我在过去二十年间为理解植物智能走过的一条心路。那也是一条漫长而丰饶的路线，它点燃了我的畅想，开拓了我的思维。现在我邀请你和我一同上路。

序 章

Introduction

让植物睡着

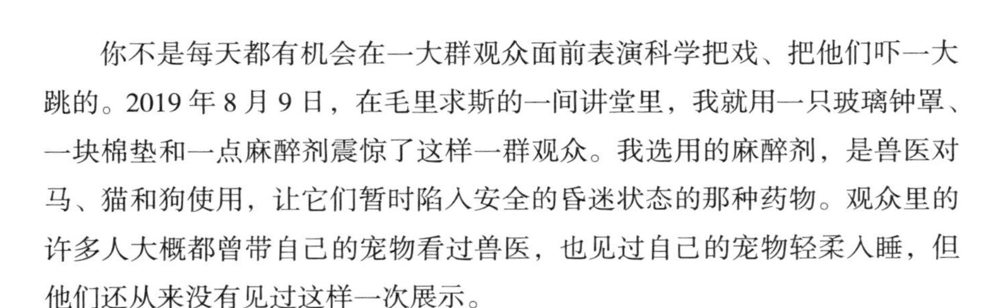

你不是每天都有机会在一大群观众面前表演科学把戏、把他们吓一大跳的。2019 年 8 月 9 日，在毛里求斯的一间讲堂里，我就用一只玻璃钟罩、一块棉垫和一点麻醉剂震惊了这样一群观众。我选用的麻醉剂，是兽医对马、猫和狗使用，让它们暂时陷入安全的昏迷状态的那种药物。观众里的许多人大概都曾带自己的宠物看过兽医，也见过自己的宠物轻柔入睡，但他们还从来没有见过这样一次展示。

要展示一样奇特且看似绝无可能的事物，这是最完美的环境。毛里求斯是印度洋海岛中的一座，由于长年孤立，它一度充满了美妙又奇特的植物和动物。这些岛屿和非洲大陆以及马达加斯加岛离得够近，各式物种可以渡海而来；它们又和这两块陆地相距够远，能够让这些生物在落脚之后，独自开展一场场奇特的演化冒险。这些冒险的产物包括漫步的巨龟、花色如血的钟形胭脂花灌木、会挖洞的蟒蛇、一束束的百合花，当然还有神秘的渡渡鸟。自 16 世纪末欧洲人来到这个曾经的无人岛至今，许多物种不是灭绝就是濒危了。我这次来有几个目的。一是受邀在邦巴斯德研究所（Institut Bon Pasteur）[1] 组织的一次特别会议上发表讲话；二是寻找十八种

① 邦巴斯德研究所是一家私营企业，作为地理医学组织（Geographic Medicine）的服务中心开展培训，眼下最小智能实验室正在与它合作。负责人是佐伊・罗扎尔（Zoë Rozar），她也是在毛里求斯接待我的东道主。——如无特殊说明，本书脚注均为作者注

只在毛里求斯生长的野外藤本植物，然后带到西班牙的穆尔西亚，用于我在最小智能实验室（Minimal Intelligence Laboratory，简称 MINT Lab）的研究。这些藤本植物没有像那些家养物种一样经过人工干预，它们是毛里求斯过去十分广袤的原始森林中仅存的几小片区域上的野生居民。[①] 在我看来，它们具有让人无法抗拒的实验潜力，值得我跨越半个地球去寻找。

我的讲话定在晚上，于是白天我就和让-克劳德·塞瓦斯蒂安（Jean-Claude Sevathian）一起去寻觅藤蔓。塞瓦斯蒂安是看护岛上珍稀植物的专家，岛上甚至有几个植物亚种以他的名字命名。他坐在一辆行驶的吉普车上，眼睛却能以最不可思议的精度，在一片茂密的热带雨林树叶间发现藤蔓的蜿蜒身影。我们要找的一些物种只在毛里求斯最偏僻、森林最繁茂的保护区里出现，因此我们要冒险深入那些人类极少探索的地点。当我们在灌丛间疾驰，我不由得联想起年轻的达尔文在少有人知的岛屿上采集植物样本的往事，虽然他是直接坐船登岛的，不像我们要先乘飞机再换其他载具。当我们在浓密的绿叶中搜索，我又想象起了他第一次看到超乎他想象的物种时是怎样一幅情景。达尔文将植物和动物视作它们环境中不可或缺的成分，它们与周围的生物紧密相连，共同交织成了一张密不可分的挂毯。在他看来，一种动物或植物，只有被置于这种联结之中方能被理解。一件样本被抽离到一个无菌的实验室环境中，就只剩下残缺的画面。如果我们在考察生命的时候能向达尔文靠近，哪怕只有一点点，我们的体验也会比原来丰富许多。

我的这次探索还有第三个目的：我要找到一位合适的病人来做我的麻醉剂展示。这个病人要是观众熟悉的，要能轻易被放进我的钟罩，还要能对麻醉剂起反应。在一座爬满了背壳隆起的毛里求斯巨龟的公园里，我找到了几位完美的受试者。它们表现得相当害羞，一碰就蜷缩起来，我让它们自己待了一个下午，好让它们有机会放松放松。

---

① 毛里求斯当地只剩下 2% 的健康森林，大多分布在岛上遥远难及的区域或者离岸小岛。

到晚上，我向观众介绍了自己，并向他们透露我打算对旁边桌子上的那个生物做的事。看到观众投来夹杂着诧异和疑惑的目光，我暗暗好笑。我特地让大家看清台上的一切：当我轻触那位病人，它像在森林中一样蜷缩了起来。接着我取出一个棉球，它浸透了剂量经过仔细测算的麻醉剂，我把棉球放到受试者身边，然后用大玻璃钟罩将两者都罩在里面。我用这只钟罩不是为了复古华丽，也不是为了防止受试者逃跑，而是为了让里面的空气充满麻醉剂。考虑到周围的环境，我不可能像兽医麻醉一条狗那样，用氧气面罩来输送麻醉气体。

图 0–1　被麻醉的含羞草

我知道麻醉剂要过一阵才会起效，之前我已经在实验室里多次操练过这个过程，为的就是做到时间和剂量都刚刚好。当我继续演讲时，我看到观众的眼神不时从我闪到那只钟罩，搜索麻醉剂生效的迹象。将近一个小时之后，我知道见分晓的时候来了。我请一位志愿者上台来试试唤醒受试者，并从一片举起的手中挑选了一位女士。她站起来，舒展开高挑修长的身体，走上了台。我提起玻璃罩，让她用一根手指轻抚受试者，她显然料定它会像之前那样把身子蜷起来。但是什么也没有发生，她又试了一次，仍没有动静。受试者已被完全麻醉。观众先是沉默了片刻，接着讲堂里就爆发出一阵惊叫和掌声。

现在看来，为这样一件事感到惊奇或许显得相当奇怪。不知道你是否猜出了我当晚的实验对象到底是什么。它显然不是一只哺乳动物，也不是任何其他门类的动物。实际上它是一株植物，准确地说是一株含羞草属植物（*Mimosa pudica*）。这一“敏感植物”最初从美洲引进，如今已经在毛里求斯疯长得到处都是了。它为许多人所熟知，是因为它“含羞”的姿态令人着迷：只要一受触碰，它的叶子就会立刻收拢到茎秆旁边。这个行为不仅让人类觉得有趣，也是防御植食者的有效手法，能令食草动物很难抓住它的叶子。当然，这种植物不是真会如我们想象的那样“害羞”，收拢叶片只是它演化上的一个聪明招数，能在感应到附近可能有猎食者时预防自己被吃掉。[1]（此类注释见书末尾）而麻醉剂将这种反应彻底取消了，含羞草在我们的触碰下纹丝不动，令观众大感惊奇。

几个月后，我又在一个不那么正式的场合重现了这个把戏。那是位于西班牙格拉纳达的“一楼”（Planta Baja），一间典型的20世纪80年代风格酒吧。我参加了一场有现场音乐演出和谈话的活动，活动名字叫“心理啤酒”（Psychobeers），由格拉纳达大学的研究生定期举办。在我上台之前，原声流行乐团爆炸物（Cosas que hacen BUM）演奏了一首歌曲，歌名很应景，叫“Sin prisa，un jardín”（《别着急，一座花园》）。等他们演完，我走向我的道具，它们已经在舞台就位，俯瞰着台下的热闹气氛。这一次我用的是植物界的一位凶猛食肉者，一株捕蝇草（*Dionaea muscipula*）。这类植物有着特化的叶片，当毫无戒心的昆虫从上面走过时，它们就会突然闭合，将对方关在里面。接着它们向叶片中间分泌酶，将昆虫的身体消化。[2]许多人都为这类陷阱的触发而着迷，这些叶片陷阱看起来就像一张张含着利齿大笑的嘴。不过，观众对这株植物动作的反应，远不及我将植物麻醉时他们的反应强烈。这一次我连了一只摄像头做现场直播，即便只是来酒吧喝一杯的人，也能清楚地从屏幕上看到发生了什么。我还在捕蝇草的表面放了电极，用于记录它易受刺激的细胞膜上的电活动。演讲伊始，每当我触碰叶片时，电信号都会出现电压峰值，这清楚地显示了植物有着活跃的内部活动，就像心电图显示出一位病人的心跳。一小时后，我请一位志愿者上台抚摸捕蝇草，结果它纹丝不动。显示屏上也拉出了一条直线：之前受到触碰时的电活动峰值，在麻醉之后都消失了。

你或许感到奇怪：究竟麻醉剂是如何使这些植物变得毫无反应的？这个故事我们留到后面一章再讲，等介绍植物体内无形的电活动，以及植物如何利用一张复杂的网络将信息快速传遍全身的时候再说。眼下我们先讲一个事实：植物的这些能力可以用麻醉剂剥夺，而同样的麻醉剂也能让一只猫睡着——或者让你我睡着。吸入麻醉剂后，不光含羞草或捕蝇草会失去它们的奇特能力，所有植物也都会停止当下的行为，无论是转动叶片、弯曲茎秆还是进行光合作用。就连种子被麻醉了都会暂停发芽。[3]简单地说，就是麻醉剂会使植物停止对环境做出它们一贯的反应。

植物和动物的这种相似叫人意外，因为造就动物和植物的世系早在15亿多年前就分家了。[4]我们分属不同的界（kingdom），却仍能被同样的药物“麻翻”。再补充一点：就连细菌都可以被麻醉。那些生物甚至不和我们在同一个域（domain），而域是生命之树上最高的分化等级。[5]尽管如此，这些如同我们体内和植物体内细胞的单细胞生物，却仍能像动物和植物一样，在麻醉下暂时关闭。即便是在我们的细胞内部释放能量的结构线粒体，以及在植物体内实施光合作用的叶绿体，也都对麻醉剂很敏感。可以说，只要是有生命的东西都能被麻醉。[6]

或许更准确的说法应该是反过来：那些能麻醉植物的药物，也能麻醉我们，因为植物其实能自己制造那些化学物质。当我们让一只哺乳动物暂时休眠时，我们给它用的是一剂合成麻醉剂。而植物本身就能合成各种这样的药物。这些物质会在应激的时候释放，比如当一株植物受伤时，它就会向组织中释放乙烯之类的麻醉物质。当一条根须脱水时，它会释放三种麻醉剂：乙醇、乙烯和二乙烯醚。[7]这些植物这样做的原因，我们还不太了解。它们有的能协助植物激活防御措施，另一些的作用就不太明确了。或许，就像一个人在忙碌一天之后要喝上一杯一样，它们也能让植物松弛下来。其中一些物质的释放数量之大，甚至影响了地球大气。我们或许应该思索，应激的植物和藻类释放温室气体一事会造成什么影响。这种思索对我们是有益的。[8]

人类使用其中的一些化学物质已经有很长的历史了：数千年前，人们就开始咀嚼古柯树的叶片麻醉自我，到后来可卡因被提取出来成为第一种局部麻醉剂，接着又变成了一种消遣性毒品。你可以在漱口水里找到从百里香叶片中提取的百里酚。从丁香油中提取的丁香油酚则被用于牙齿的局部麻醉。[9]更不用说还有植物生产的大量其他物质被我们特意用来改变自己的身体和心灵：烟草、乙醇、阿司匹林、饱含咖啡因的茶叶和咖啡豆。我们今天使用的许多药物都源自植物，要么从植物中直接提取，要么用植物生产的生物活性成分进行加工。其中包括从南美洲的金鸡纳树中提取的抗疟药奎宁、从毛地黄中提取出来治疗心力衰竭的毛地黄毒苷。我们在演化上或许和植物相去甚远，但仍通过许多生物化学交联与它们密切相关。[10]

麻醉剂实验不仅从演化的角度看令人意外，它们还提供了一张完美的白板，使人能从零开始，以全新的眼光看待植物。既然我们能将植物变成被麻醉的躯体，就像一只等待手术的宠物，我们就能更深入地了解它们在完全发挥功能时是什么样子。从外表看，一株被麻醉的植物，会“停下”平时忙碌的活动。而当药性退去，它又会花一点时间摆正叶片，定一定神，然后继续之前的活动。拿捕蝇草来说，在它从麻醉中恢复后，只要用手触碰它，它仍会蜷缩合拢，只是速度会变得很慢。[11]

接下来，我们可以把植物平时所做的事称作它的“正常行为”。[12] 可是植物平常又有什么“行为”可言呢？将这个词用在植物身上或许显得奇怪，它违背了我们对植物的一切直觉印象：这些懒惰消极的生物，在土壤中扎下根就不再动弹了。《企鹅心理学词典》中对“行为”的定义对此是一个有用的参考：

泛指行动、活动、反应、动作、过程、操作等的笼统名词，简言之就是生物可被测量的一切反应。

我们往往只把植物看作背景里的叶子，它们映衬着动物迅速往来的活动。可是，一株含羞草的蜷缩或一株捕蝇草的合拢，难道不能在最低限度上被定义成一种反应、动作和“可被测量的反应”？[13] 也许，麻醉剂在一株植物、一只猫和一个人身上的相似效果，能让我们停下来重新思考自己的偏见。

现在我们要来回答一个重要问题了：当你夺走含羞草卷曲叶片的能力，或让捕蝇草无法布置陷阱时，其中究竟发生了什么？除了使它们无法运动或丧失反应之外，让一株植物沉睡究竟意味着什么？从主观的角度出发，我们知道一只动物或一个人被麻醉了是什么意思：那是一种意识被消除的状态，我们从有意识状态转变成无意识状态（严格的读者或许会认为这种转变只属于人类）。“麻醉”（anaesthesia）这个词的词源是希腊语的“anaisthēsía”，意思是“没有知觉”或“无法感知”。[14] 这意味着在你的脑中，细胞的电活动被破坏了，就像我麻醉的那株捕蝇草。它们不再对刺激做出反应。从这里可以引申出一个激动人心却也不乏争议的问题：既然一株植物能像动物一样在短时间内陷入沉睡，这是不是意味着，它还有某种平常的“清醒”状态？也许我们应该思考这样一种可能性：植物并不仅仅是简单的自动机，或者不会动的光合作用机器。我们可以想象植物对环境也具有某种个体体验。它们或许是有意识的。

如果植物真有意识，它们的内部状态和外部环境之间就一定存在某种交流。它们想必能从外界收集信息，再以复杂的方式加工和使用信息，而不仅是简单地被动反应。植物能否做到储存信息，并且运用信息来预测、学习，甚至预先计划呢？通过一些例证，我们发现，植物或许是能做到这一点的，但这些毕竟是复杂的本领，要弄清楚并不容易。在下面各章，我们将会探讨最新的研究中得出的一些激动人心的线索，它们透露了植物到底在体验什么，又到底在做什么。我们将用这些线索拼出一幅大胆的新图景，其中的植物不仅有意识，还深度参与了世界。

我们先来看一个简单的例子，有一种不起眼的小花叫“康沃尔锦葵”或者“克里特蜀葵”，植物学家则用学名“*Lavatera cretica*”来称呼它。它喜欢生长在南欧和北非温暖气候带的高山地区，但在气温较低的国家也常常有人在花园里栽种这种外来植物。

许多植物都有“向日性”（heliotropic）[①]，会在一天中跟随太阳的运动轨迹。你或许看过一类戏剧性的延时摄影视频，其中向日葵幼苗始终将花心对准太阳，忠心耿耿地追随它在天空中的运行轨迹。我们将在后面的某一章正式和这些植物见面，并了解它们出人意料的能力。眼下，我们稍微花点时间关注一下这株低调的小锦葵。它也是一名太阳的崇拜者，但它准备得更为充分。整个白天，它会将叶片朝向太阳。这能使叶片最大限度地吸收阳光，很像是度假的人们不时挪动日光浴床，好避开不断进犯的阴影。到了夜里，锦葵又会将叶片对准日出的方向，等待太阳升起。这不只意味着它会将叶片恢复到前天早上的位置。更令人吃惊的是，它还掌握了未来几天太阳将在什么方位升起的信息，即使没有任何阳光它也能做到这一点。被关在黑暗实验室中的锦葵能准确预测日出的方位，每天夜里它都会忠诚地将叶片转到原本应该出现太阳的方向。要等到大约三四天后，它们才会变得有些不知所措（就像我们大多数人一样）。[15]

叶片的运动时机由一个周期调控，它将生物和每一天的日夜循环绑定

①“向日性”这个拉丁术语是植物学家奥古斯丁·彼拉姆斯·德堪多（Augustin Pyramus de Candolle）在19世纪初发明的。

在一起，这就是昼夜节律。这是生物的又一条普遍规律，是我们和生命之树上的遥远亲戚共享的又一道生物化学连接——从植物到动物再到细菌，都遵循这一规律。[16] 我们知道，人类自己的昼夜节律部分是靠生产一种名为"褪黑素"的化学物质控制的。这种激素的含量会在一天 24 小时的不同时段内增加和减少，由此调控我们有多清醒或多迷糊，它也调控着我们体内大量的其他过程，从代谢到体温变化。褪黑素是由松果腺分泌的，松果腺是大脑中央的一个微小器官，它在动物的整个演化史上都起到接收光线的作用。法国哲学家勒内·笛卡儿称之为"灵魂的座椅"，说它是思想和行动的源头。[17]

褪黑素含量的波动使生物可以预测自身在任何时候的状态。如果它必须完全根据环境做出反应，就会有许多不利的延迟，比如太阳落下后仍有一段时间醒着，或者到了早上非常难动起来（尽管我们中有些人仍然有这个问题）。人类可以服用褪黑素片来倒时差，让药片替代自身的褪黑素合成，以训练身体适应一个新的时区。我们将在后面看到，在实验室里操弄一番之后，植物也能经历某种时差。植物也会生产它们自己的褪黑素，名为"植物褪黑素"（phytomelatonin）。[18] 这种物质到 2004 年才得到命名，比褪黑素首次被发现晚了几十年，因为人们一向认为，只有动物才会分泌这种物质。另外植物也用昼夜节律来控制体内活动，包括锦葵的夜间活动。植物"清醒时的状态"每天都会改变，而且十分细致准确，[19] 这种变动的原因是它们自身的内部节律，不仅是麻醉剂的强大作用。

我们必须睁开眼睛，看看还可以用哪些截然不同的方法来完成复杂的任务。锦葵做到的事显然很聪明。它或许只是一个在演化中形成的巧妙技巧，但即便如此，它也指向了更多潜在的复杂机理。比如它可以指向某种类似智能的东西。关于什么是"智能"，其实并没有一个公认的定义。在锦葵这样的植物和我们的行为之间做类比难免有出错的风险，这也是为什么更好地理解植物可以让我们更了解思维是如何运作的。[20] 眼下我们先种下一个观念：智能与像神经一样处理信息有关。而锦葵和其他植物所做到的事，并没有用到任何我们会看作"大脑"的东西。目前我们对智能产生的条件还只有非常局限的看法，对任何没有可见大脑，或至少没有一个发育良好的神经元中枢的生物，我们均自动将其排除在外。我们曾经认为，智能肯定是从生命树上的某一个分支演化出来的，而这个分支上的生物都有特定类型的大脑。但现在这幅图景已经被最新的发现击碎了，我们对章鱼这类生物的了解越来越多，知道了它们有几个大脑，分布于不同的腕足，智力也很惊人。我们必须重新思考自己的成见：其他生物，包括植物，也有智能吗？以及，智能到底是什么？

这又引出了另一个问题：我们是否还要重新思考一下智能可能存在于何处？也许智能不是只有汇集了大量动物神经元才能创造出来的东西。也许它还能从非常不同的系统中产生。包括我们提到的含羞草在内，植物也会像我们用神经元发出电信号那样，它们也会利用离子的运动，它们的细胞还会将信号远距离传导到身体各处。看看下面的类比，对照一下动物和植物的运动方式，将有助于我们清晰地表述这个问题：在动物体内，运动信息被传送到肌肉内的收缩细胞，由肌肉来执行动作。而在植物体内，信息被传送到运动器官内部具有收缩性的特化纤维。这套植物运动系统的运作方式与动物截然不同。但其中的一些纤维或许可以被视为“植物的肌肉”。[21] 它们在功能上与动物肌肉有许多相似之处。或许我们不该仅仅因为它们的组织不同、运作方式不同，就武断地将它们划分成两类。再将眼光转向较为抽象的功能：仅仅因为植物在“思考”时运用了与动物不同的系统，就可以说它们根本不会“思考”吗？在看待用悬殊的蓝图画出的不同生物时，我们的心态无疑应该更开放些。当我们深入植物的世界时，我们将会进一步探索这个问题。

我们甚至可以问一句：为什么植物就不能拥有智能，就像动物那样？实际上，动物和植物分别演化出了智能，以帮助它们在非常不同的生态处境中生存。一方面，动物智能使我们成为能快速运动的灵活生物，我们也总会长成差不多的体形；另一方面，植物只能作为行动迟缓的扎根生物生存，遇到了阻碍也不能一走了之，它们必须在生长中发挥一点创意。为了生存，它们必须综合许多不同来源的重要信息，包括光线的品质和方向、哪里是上面、是否有什么东西或什么人挡住了光，然后用这些信息来调控生长发育的模式。植物始终在不知疲倦地摆动自身的器官，从而对土壤结构、猎食者或邻居的竞争等不确定因素做出反应。植物也必须为达成目标而提前计划。它们不是逆来顺受的消极生物，只会被动地进行光合作用，相反，它们会积极地适应环境。就像动物在野外要对付血淋淋的尖牙和利爪一样，植物也不可能放松警惕。[22] 我们将竭尽所能深入植物的内在体验，理解它们如何感知周围，如何应对复杂环境。

在那些和我们如此不同的生物中间，智能是难以捉摸的一种特质，需要一些精巧的实验才能发现。要理解智能可能以完全不同的形式存在，也必须像达尔文提倡的那样，以开放的心灵观察。这也是我前往毛里求斯的一个关键目标。我到现在为止的研究指出了一个非常清楚的事实：家养藤本和野生藤本之间有着一些显著差异。家养藤本备受宠爱，主人总会给它们备好攀爬架、肥料、透气的土壤和充足的空间，它们因此变得柔弱了。它们是植物界中被宠坏的叭儿狗，被规训成只能在清洁的人造环境中生存，受不了竞争或是艰苦。它们到森林里是坚持不了多久的。而野生藤本拥有黑帮老大一般粗粝的街头智慧，它们有成熟的关系网络，盟友和敌人都很多。它们的所有东西都是抢来的：光线、扎根的空间、攀爬的支架，以保护自己的叶片不被吃掉。它们知道哪些生物可以合作，并且放心地与对方共事。[23]

如果我们想要发现植物的智能——无论它采取何种形式，我们都必须观察野生植物在生存中磨炼出的巧思，不能像有些植物科学家那样只看实验室中培养的作物，而是要有博学家一般的敏锐眼光和开放心灵。为了获得更加全面的视角，为了回答植物学的革命性观点将在以下各章提出的诸多问题，我们会拜访科学研究的许多分支，并涉及思想的其他领域，比如哲学。如果只把自己局限于正统的科学福音之内，我们将无法从根本上改变自己的理解和认知。我们必须运用多种探索工具，谨慎地向未知出击。因此，本书将是许多根系深远的思想的汇合，它们将在彼此缠绕中长向新的天地。

以新的眼光理解植物将会大大改变我们看待世界的方式。我已经从长期经验以及与其他科学领域的同行的多场辩论中得知，我们在本书中探讨的理念会违背大多数人对植物的认知。它们甚至会让你有一些不适，或迫使你思考像“行为”或“意识”这样的词语对一株植物意味着什么，更不用说“智能”了。你的态度并不罕见。有这样的疑惑完全正常：身为动物，我们的一些概念是专门留给灵活如动物一般的生物的，要将它们应用到长着根系、靠光合作用生存的生物身上，我们自然会有些迟疑。许多人想必会更加自在地描述一只变形虫而非一棵藤蔓的行为，或是一只潮虫而非一朵向日葵的意识。你多半乐意将一只松鸦掩埋橡子的行为想成是“预先计划的”，而听到一株植物“为了将来而计划”，你可能就有点不自在了。下一章，我们就来看看你这种不适感的多种来源，我们将探索许多动物中心主义的思维陷阱是如何限定了你的认知，还有长期以来偏重动物的教育是如何塑造了你的观念的。通过细致的考察，我们将消除这些成见，希望这能为将来的新观念铺平道路。

第一部

换一种眼光看植物

看见是要花时间的。

——乔治亚·欧姬芙

第一章

Chapter One

植物盲

有一个问题从很小的时候起就折磨着我们所有人。它影响着我们看世界的方式，但是我们大多数人从来不知道自己因此受苦。我们可能自以为了解周围的环境，能注意到其中的种种细节。但其实我们常常只是在自身的“气泡”中漂浮，经过这层“气泡”的过滤，我们看见、听见、摸到和闻到的东西中才会有很小一部分进入我们的意识。19 世纪末的美国心理学家威廉·詹姆士（William James）这样写道：

数以百万计的物体……出现在我的感官中，却始终没有正式进入我的体验。为什么？因为我对它们不感兴趣。我的体验是我同意关注的东西……我们每一个人，都通过对事物的关注，选择了自己想要居住的宇宙。[1]

对我们大多数人来说，这个私人宇宙是一个动物宇宙，充满快速的来来去去，尤其是人类生活中的电子社交杂音。我们几乎忽视了构成我们大部分环境的那些光合作用生物。可以说，我们大多数人都是“植物盲”（plant blind）。我们当然能看见植物，但我们没有注意它们，除非它们开出绚丽的花朵，或是恼人地缠上了我们的花坛植物。我们的这种疏忽有几个很好的理由，后面我会深入探讨，但是屈服于这种倾向也会带来巨大的损失。如果能想出办法克服它们，我们对周围世界的欣赏会大大增加。

如果不是亲眼看到，我们很难了解植物盲对人的局限有多大。每年，我都会去中学对高年级的学生做演讲。我喜欢和他们玩一个游戏：向他们展示年度野生摄影师竞赛（Wildlife Photographer of the Year）的一系列获奖照片，它们每年都会在伦敦的自然历史博物馆展出。然后我问学生，有没有注意到这些照片有什么奇怪之处。他们常常会挑出照片中的某些细节，比如一只嗜杀的鸟，或一只昆虫背着一个大得离谱的物体。这个游戏我每年会玩一次，每次学生们总会看漏最奇怪的一件事。这项竞赛中包含了"环境中的动物"和"动物肖像"，还有"两栖类和爬行类""哺乳类""鸟类"和"无脊椎动物"等展现有趣行为的类别。还有一个类别叫作"植物和真菌"。你发现古怪之处了吗？动物，虽然只占地球物种中微小的一部分，却受到了全方位的关注。[2] 而植物和真菌，这两个在生命之树上全然不同的界别，却被捆绑成了一个条目。从来没有一个学生注意到这一点。

这个问题在穆尔西亚大学我自己的本科生身上也屡见不鲜。我曾要求他们估算那些精心布置、散布于校园各处的植物园里有多少种植物，那是他们每天要经过的地方。大部分学生说有十种左右，偶尔有几个胆大的说有四十种。但实际上，校园里总共有五百多种植物，来自广泛的科属和生境。[3] 对植物的盲目开始得很早，并且在我们习惯之后变得愈发严重。

我们对动物的注意和我们对植物的注意有着根本差异，并且这种差异已经深深嵌入我们的视觉系统。对这个现象我们很难建立模型来做量化研究。有一项研究借用了视觉认知研究的一件核心工具，叫"注意瞬脱"（attentional blink）。[4] 每当我们"瞬脱"，就说明给予某个物体的关注拖慢了关注一个新物体的能力。我们的视觉加工能力是一种有限的资源，因此第一个物体受到的关注越多，切换到第二个物体的速度就越慢。在这项研究中，研究者先向一组人展示了一只动物，向另一组人展示一株植物。紧接着再向两组人展示另一个物体，一滴水。结果相比首先看到植物的人，首先看到动物的人看见那一滴水的概率要低许多。这说明植物占用的注意力较少，使人能解放脑力关注其他事物。植物不仅在人的观念中显得较为无趣，而且在更基本的层面上，它们也只分到了视觉系统较少的加工能力，成为背景中一大团拥挤、静态的绿色。植物盲的根本原因埋得很深。

在某种意义上，这也并不奇怪。我们不可能随时吸收环境中的每一条信息，否则大脑就会超载。我们必须过滤掉那些不太重要的东西。而这正是我们的感官和大脑的拿手好戏，甚至不用跟我们打招呼就能办妥。最近有人估算，我们的眼睛每秒生产的数据超过 1000 万字节，而大脑在清醒状态下每秒只加工 16 比特。也就是眼睛生产的全部数据，只有 0.00016% 为有意识的大脑所用（当然还有许多数据可能通过潜意识产生影响）。[5] 这种过滤在本质上是由我们的演化史塑造的，是被我们的祖先面对的那些问题所决定的。你可以想想远古时代大部分人族会觉得哪些信息最为突出：那一定是发现猎食者或是看见可以狩猎的动物。植物固然也重要，但其重要性没有这么紧迫：它们反正生根了，不会乱跑，也不可能来攻击我们。[6] 我们长出眼睛和思维，是为了专注于动物的运动和形态这些连续变化的东西。

“植物盲”这个说法是 20 世纪 90 年代由生物教育者詹姆斯·万德西（James Wandersee）和植物学家伊丽莎白·舒斯勒（Elisabeth Schussler）首创的。他们在美国的学校里调查了近 300 个不同年龄的孩子，发现他们绝大多数对植物缺乏科学上的兴趣，尤其是男孩。他们主张，这不仅仅是因为美国的青年和他们的教育者中存在那种“动物沙文主义”或动物中心主义的态度。整个西方社会都无法看见植物的独特美感和生物学特征，人们不关注植物，也认识不到它们在生态上的重要性以及对人类的经济价值。[7] 就连大多数科学家，按说对事物应该有一种较为客观公正的态度，也都觉得植物较为低级，只配给他们想要研究的动物充当背景。大家都没有意识到，植物构成了大多数地球生态系统的基础。它们还在濒临灭绝的物种中占了八分之一。[8]

就像“注意瞬脱”实验显示的那样，无视植物的问题是根本性的。在儿童的成长中，他们认识到植物也有生命的年龄，要比明白其他人和动物也有生命晚得多。要到十岁左右，他们才会自发地认识到表面不动的植物其实也是活的。[9] 这种对植物的偏见是我们天生自带的，又在我们后天的处世教育中受到了强化。我们无法改变自己的天性，但是我们可以改变对植物的整体看法，并积极地引导自己的注意力。就像威廉·詹姆士所说，我们可以同意对植物多加关心。还有当植物令我们无法忽略时，我们自会关注它们。要是它们能蜇伤我们、毒害我们，或是表露出可以食用的显著迹象，那么它们就会变得十分醒目。比如有毒的常青藤，虽然叶片看起来完全无害，但是任何在北美洲远足的人都能一眼认出它来；还有黑莓丛上的成熟果实，也很难被觅食者看漏。如果能让植物更易于观察，我们的注意自然会跟上。一项研究显示，让学生自己制作植物延时录像，并加速至动物活动的速度，他们就会更有兴趣了解这些植物。[10] 也许，从这股沉睡的意识入手，发展出新的观看文化，我们就会觉醒过来，发现一个绿色的世界。[11] 我们或许会就此开始觉察其他各类生物的智能，不再局限于有大脑的生物了。

存在的巨链

我们的思维受到感官和历史双重枷锁的束缚。在 19 世纪达尔文的研究用一棵不断分叉的生命演化之树揭示有机世界之前，各种生物被排列成一串长长的垂直阶层。居于最高层的是上帝和他的天使，从那里向下伸出一条由各种生物构成的长链，较高处是人类和大型动物，低一点是啮齿类动物，还有被认为从无机物中自发获得生命的动物，即昆虫和两栖类动物。处于链条最底层的是不会移动的东西，它们就是植物，是一切生命的基石。它们和珊瑚及海绵一样，都只是比矿产这样的无机物高了一格而已。这就是“存在的巨链”（the Great Chain of Being），它将世上的一切事物串联成一套价值体系，从最低到最高依次排序。一件事物的价值格外倚重其中的动物品质，尤其是它体现了多少人性，因为人性是神学的完美顶点。这就是西方世界千百年来对自然界的主流看法，它在我们理解不同事物的演化关系之前已经存在了很久。[12]

直到今天，这条存在的巨链仍然贯穿着我们对其他生物的直观看法。它们到底和我们有多相似？我们会按其重要性将生物排列高低，从单细胞到多细胞，从简单到复杂，从无脊椎动物到脊椎动物，从“只有本能”到“拥有智能”。即使是精通演化理论的知名科学家，也仍免不了被缠绕在这条存在的巨链上。比如20世纪的著名生态心理学家詹姆斯·J. 吉布森（James J. Gibson）就对植物的能力毫无察觉。他曾经这样主张：

> 植物缺乏感觉器官和肌肉，它们构成的环境对知觉和行为的研究来说无关紧要。我们应该像动物那样看待全世界的植物，将它们和全世界的无机矿物，和物理的、化学的以及地质的环境捆绑成一团。植物一般来说没有多少活力，它们不会移动，没有行为，它们缺乏神经系统，也没有感觉。[13]

和中世纪的神学家一样，吉布森将植物与没有生命的岩石归成了一类。不仅如此，他还想当然地认为其他动物物种也这样看待植物。但讽刺的是，吉布森的研究倒是向我们提供了理解植物智能的最佳纲要，这个我们后面再说。不过他的一个基本态度至今仍贯穿着科学界，那就是植物几乎不会动。这个观点的问题在于，我们自身只在丰富多彩的生存方式中占了一小部分；只通过存在的巨链观察万物，会令我们无视周围的许多生物学奇迹、无视各种生物在同一个生态系统内部的关联。演化并没有按照从简单到复杂的线性模式创造生物，它也没有创造一套层次越高，智能就越强大的等级制。每一个物种都是由其特定环境和生活方式创造的压力所塑造的，并处在一个不断分叉出新生命形式的巨大三角中。有时这意味着要维持表面上的静止或是简单。有时又意味着要演化出复杂另类的生存方式，这种复杂用我们人类中心的视角是看不见的。

这种情况并非必然。虽然我们的感官可能关注动物超过植物，困扰我们的文化盲目性也十分广泛，但这种盲目毕竟是特殊情况，而非普遍规律。在别的地方、别的时代，就有许多人类社会克服了感觉系统对快速运动和醒目颜色的偏好。在基督教到来之前的欧洲或是今天世界上的一些地方，信奉万物有灵的社会都以一种非常不同的眼光认识植物，将它们看作有力量、有意义的实体。[14] 在某些文化里，比如毛利人和一些美洲印第安人部落，植物被视作和人类有着共同祖先的亲属。在亚马孙文化以及因纽特人和加拿大亚北极区的原住民中，植物和动物一样，都被视作拥有平等灵魂的“人”。它们也可以参与社会交往，就像在目光狭窄的西方，人类和少数备受宠爱的动物可以参与社会交往一样。[15] 我们不必相信灵魂也可以转变观念，开始珍重并理解其他生命。如果我们能够撼动正统的科学成见，使用有力的科学工具做更开放的探索，我们就会找到各种证据，证明植物绝不只是支撑动物生活的基质。

移动的头脑

我们是怎么走到这一步的？存在的巨链至今仍在间接影响我们每一个人，使我们想当然地认为拥有智能的生物必定具备动物一般的属性——它们要能自由移动，以其他生物为食，彼此有性行为或能相互交流。然而这些都不过是智能的替代物，它们是建立在古人的偏见之上的，只会误导我们。神经科学哲学家帕特里夏·丘奇兰德（Patricia Churchland）就受了这种误导，她在 2002 年的著作《神经哲学的大脑研究》（*Brain-Wise Studies in Neurophilosophy*）中坚称：

> 首先最重要的一点是动物会移动，它们会根据身体的需求，通过移动身体部位来进食、逃跑、打斗和繁殖。这种生存模式与植物有着显著分别，植物只会逆来顺受。[16]

丘奇兰德在这里响应了一个普遍的共识，即动物的运动需要智能，而植物只能蠢蠢地扎在地下一动不动。但是从好几个方面来看这都是一种误解。有许多和植物关系较近、和我们关系较远的单细胞生物都是多事的活跃分子，而许多动物反倒喜欢把自己绑定在一个地点，要么暂时要么永久。拿珊瑚虫来说，这种渺小的动物在光线充足的浅海床上会用碳酸钙在自己周围筑巢。它们年复一年地克隆自己，最后创造出一座座石灰岩殿堂，一片片熠熠生辉的珊瑚天地在此之上崛起，承载了大约四分之一的海洋物种。珊瑚虫收容了一群五彩缤纷的房客，名为"虫黄藻"（zooxanthellae），它们为珊瑚虫收集阳光并生产食物，就像叶绿体服务植物。[17] 珊瑚虫的幼体极为微小，可以行动，它们随着波浪漂流沉浮，等到选中一个合适的地点就永久定居。海绵也是如此，还有一大批其他海洋动物，比如贻贝和蛤蜊。许多人并没有意识到珊瑚是活的，更不知道它们也是动物，而是常常将它们错认为类似植物的东西。

珊瑚聪明吗？可能比你认为的那些静态的微小生物要聪明。它们可以切换食谱，有时只吸收阳光，有时用细小的触须捕捉猎物，它们还会为领地彼此开战。它们在幼体时随波逐流，而那恰恰是最不稳重的阶段。[18] 就珊瑚而言，运动似乎并不代表智能——这与帕特里夏·丘奇兰德的以下主张是矛盾的：

> 假如你在地里扎了根，那么蠢一点也没有关系。而假如你要移动，你就非得具备移动的机制不可，还要有机制来保证你的移动不是随意乱动，而是参考了外界发生的事。[19]

如果我们能用思维超越自己的偏见，我们就可以颠覆丘奇兰德的主张。假如你能自由移动，你就可以纠正自己的错误。而即使你在地里扎了根，那么不断生长和改变体态也是调节自身以适应环境的主要手段。这需要时间，从几分钟、几小时到几天那么长。植物能够做出的大多数调整都比动物快如闪电的反应要迟缓得多（不过就如捕蝇草所展示，植物在需要时也可以很快）。假如植物没有智能，无法预测自己将如何移动和成长，它们就会落后于环境，跟不上外界的变化。在野生植物生存的那个残酷竞争的世界里，落后意味着竞争对手会抢走你的地盘，猎食者会把你吃掉。

说到扎根，有一件事使我们很难看清植物到底在做什么：植物的许多活动都是不知不觉之间在地下进行的。我们说起植物往往只想到它们看得见的部位：幼苗、叶片和花朵之类，而根系只相当于用来吸收营养和水的一只船锚。但实际上，根系的复杂超乎想象，可以占到整株植物生物量的一半以上。[20] 它们替植物伸展到远离主茎的地方，大范围、长时间地收集生命和非生命环境的信息，使植物能够充分地生长并利用资源。每条根都能在生长过程中找到水和矿物质等有用的东西，它们还能绕开物体，提前避开障碍。植物可以将根系伸展到资源持续增多的地方，并从情况不断变差的地方收回，灵活得就像地下股市的交易员。根系还在不同植物间创造了一张彼此连通的信号网络，无形的消息在遭遇干旱压力的植株、受到食草动物骚扰的植株间传输，这能提醒邻居提前采取行动，甚至让大家的开花时间更加同步。根系也是分辨敌友的管道，并由此发动抢夺领地的地下战争。[21]

有研究者主张，更准确的看法是将根系视作植物的“脑袋”，而地面上绿色的部分反倒是“臀部”。[22] 根系感知着环境的方方面面，就像一只动物布满感官的头部，它们也指导着植物其他部位的活动。反过来说，幼苗和花朵参与的才是植物生活中更低等的活动：它们一个吸收阳光生产食物，好比动物的消化系统，另一个负责有性生殖——这个类比太过明显，就不用明说了。如果将植物看作头朝下栽进泥土的智能生物，而不是由根系固定的一丛丛静态幼苗，理解起它们来或许会简单一些。[23] 这张无形的地下网络也令植物学家很受挫折，因为将根系挖出来观察往往会毁掉它们，这就造成了还有许多未解之谜围绕着植物的这个所谓“根系大脑”（root-brains）——这个概念在达尔文的著作中就初见端倪了。[24] 就像树木研究者司科特·麦凯（Scott Mackay）所说：“地面以下可算是一种前沿，是一个正变得越来越重要的研究领域。”[25]

不仅如此，这种根系大脑的成分也不单一。植物的根系与另一个广受误解的生物界紧密纠缠，形成了复杂的关系，那就是真菌。说起真菌，你多半会想到一株蘑菇，它可以被切碎了放进锅里翻炒，也能魔术般地从腐木上生长出来。你很可能不会想到贯穿土壤的庞大菌丝网络，也想不到真菌究竟以什么为食。[26]这些看不见的菌丝其实才是真菌的本体。地球上最大的生物很可能是一种名为“奥氏蜜环菌”（*Armillaria solidipes*）的蜜环菌。[27]在美国俄勒冈州的蓝山山脉就有这么一株，在人类可以估算的范围内，它的直径就达到了 2.5 英里（约 4 公里），相比之下就连巨杉也显得娇小，更不用说蓝鲸了。

这里我们遇到了关于植物盲的另一个悖论：我们总是认为，像哺乳动物这样能以其他生物为食者，才更具智能。毕竟你总得比你的食物聪明吧？动物的这种营养方式被称为“异养性”（heterotrophy），而植物靠太阳能和光合作用生产自己的食物，被称为“自养生物”（autotroph）。可是，有着根系样菌丝和短暂子实体的真菌却是和我们一样的异养生物。它们用菌丝里的蛋白分解其他生物的组织，然后作为食物吸收。但是多数人大概都会对真菌和人有着相同的饮食习惯这一想法感到迟疑，因为在他们看来，真菌实在不怎么聪明。然而和运动一样，“动物似的”异食性特质并非智能的可靠指标。它甚至不能清晰地划分不同的界：像珊瑚虫这样的动物会拉拢光合作用者，植物反倒可能食肉，就像我们看到的捕蝇草那样。我们必须换一种眼光来看这个问题。

植物的性

从真菌的菌丝中悄悄伸出的精致褶皱结构有一个作用。那是真菌的性器官，它们会在风中散播细微的孢子，这些孢子会飘散到别的地方形成新的菌丝网络。子实体只是人们注意到的部分，因为它们可以被看见，有的还可以吃。同样，许多植物开出的花朵也被视作美的结晶，人们会专门培育它们来取悦自己。20 世纪 80 年代的一项研究显示，许多儿童甚至认为没有花的植物不算植物。[28]我们用花朵来装饰家居、庆典和艺术品，为了它们短暂的美挥霍大量金钱。这种痴迷曾在某些历史时期达到接近癔症的程度。17 世纪初荷兰爆发了“郁金香狂热”，围绕郁金香的饱满色泽和新颖外观形成了一个暴涨的市场。一只球茎的价格就能炒到一座普通住宅的五倍，或是一个熟练工人十年的工资，直到 1637 年价格暴跌崩溃，这股热潮才终于消退。①

但是伴随着对花瓣的关注也产生了另外一种奇怪的否认。我们对花朵的热爱向来是一种盲目的痴迷。在 19 世纪之前，许多学者都极力否认植物是有性生物。认为动物会移动、有性别，植物则静止、没有性别的观念相当古老，可以追溯到亚里士多德、柏拉图和其他古典时代的权威。在 17 世纪，确实有少数博物学家推测出了孢子有授精功能，比如伦敦皇家学会的约翰·雷（John Ray）和尼希米·格鲁（Nehemiah Grew）。德国植物学家鲁道夫·雅各布·卡梅拉留斯（Rudolf Jakob Camerarius）甚至用实验证明了花粉是种子形成的必要条件，并将研究成果写成了《植物的生殖器官》（*De Sexu Plantarum Epistola*，1694）一书。[29] 但这些新奇的思想并未得到主流认可，旧的古典式划分仍是公认的观念。我们向来为植物的生殖器官着迷，但我们又认为性交必须伴随动作：那是动物才做的事。

所有会开花的植物统称为“被子植物”（angiosperms），它来自希腊语中表示“容器”和“种子”的单词。一朵花可以同时包含这两样东西：既有制造花粉的雄蕊，又有含胚珠的子房。扎根生物的有性生殖有一个特点：它是隔着一段距离发生的。就像莎士比亚爱情剧中分隔两地的情侣，植物的交合也需要某种媒介的帮助。珊瑚可以狂欢似的向洋流中释放大量精子和卵子，并且这种释放被神秘地安排在同一个晚上。陆地植物则可以借助风或者水，但它们也经常用动物作为媒介。植物并不直接引诱对方，而是用感官的欢愉引诱动物来当自己的非法中间人。花朵的美丽吸引我们，也吸引着蜜蜂、胡蜂、食蚜蝇、蜂鸟、吸蜜鸟和其他无数充当传粉者的物种。动物来这里寻觅

① 虽然这股“狂热”并不像前人描述的那样反常和破坏一切，但它仍是一个引人瞩目的文化事件。详见 Goldgar，A.（2007），*Tulipmania：Money，Honor，and Knowledge in the Dutch Golden Age*. Chicago：University of Chicago Press。

营养丰富的花蜜和花粉，但这些不过是对它们服务的报酬。它们真正的角色是不自知的信使，负责载着花粉在发生光合作用的情侣之间传播。

植物和传粉者之间的这种紧密关系造就了被子植物的巨大多样性。当被子植物在 1.3 亿年前刚刚出现时，一场演化的洪流就开始改变整个世界。[30] 被子植物分化出了大量物种，到如今已经超过了不开花的裸子植物，总共有 23 万种之多。各种花朵已经高度特化：它们的外观只迎合特定的视觉；它们的形状只适应特定的喙或吻；它们的珍贵花蜜也根据媒人的胃口进行了仔细度量。授粉者的感官世界是什么样的，我们只能做模糊的想象。比如蜂鸟，它们看到的颜色包含了一大段紫外光谱。它们能在花朵上看见我们无法看见的颜色和图案，其中包含了广告牌、着陆跑道和引导花纹，都是为了帮助它们找到目标才长出来的。

这些花朵呈现的讯息有时是真的，但有时它们的假信息让动物也被耍了。引诱可能只是骗局。比如蜂兰就会模仿一只雌性兰花蜂的外表和气味，以吸引雄蜂的注意。雄蜂尝试与“雌蜂”交配一番之后，这个毫无戒心的

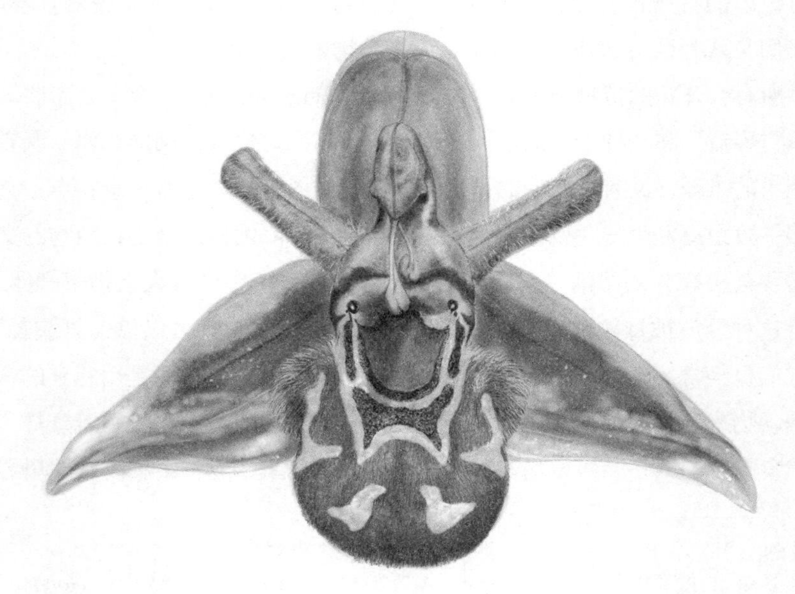

图 1–1　蜂兰

追求者就会浑身挂满花粉，接着它还会在对满足的追求中将花粉传授给其他蜂兰。雄蜂只是蜂兰交合的玩物。如果你还认为灵活的动物是主宰者，你就错了。授粉是动物和植物间一场永不完结的演化竞赛。

和其他类人猿一样，我们单纯地吃下水果时，也在帮植物传播它们的种子，虽然我们的视觉系统覆盖不到紫外线或红外线那么远的距离。被子植物包含了人类食用的几乎全部植物物种，自公元前 1 万年开始，我们就在通过选择育种和农业利用它们了。然而令我难以置信的是，即便我们已经利用了植物的性交和繁殖，却仍不肯承认它们有这一功能。作家和艺术家用花朵来隐晦地比喻生育和性，从文艺复兴时期大师描绘的《圣经》场景到如今社交媒体上的网红创作莫不如此。想想乔治亚·欧姬芙（Georgia O'Keeffe）的画作吧。她的《两支粉红的马蹄莲》（*Two Calla Lilies on Pink*，1928）画得浮华而色情，由粗变细的浅色花朵和里面突出的黄色肉穗花序令人浮想联翩。但是，这幅画到了社交媒体上绝对不会被封，而对人类生殖器的露骨描绘就会。欧姬芙画作中的性感花卉与她笔下漂白的动物头骨形成鲜明对照。花卉和头骨：性爱与死亡。那么，我们为什么一边很难将花朵看成植物的性器官，一边又将它们用作温和的色情隐喻呢？

在这场花朵和传粉者的引诱游戏中，还有一件我们认为动物以外的生物做不到的事。自花朵演化出来以后，植物就一直在和动物开展一场挑逗性的对话。它们先向传粉者示意"这里有花蜜哟"，又在后者到来时关掉分泌花蜜的腺体，就这样强制动物运送花粉。植物和真菌之间的关系甚至更加长久。真菌拥有的化学工具能从土壤中收集磷和氮之类的宝贵资源，那都是植物难以获取的。而植物具有一种炼金术般的本领，可以通过光合作用从日照中创造出糖，并让真菌取用。两者间是互惠的关系，这种关系已经维持了 4.5 亿多年。真菌丝也和植物的根系一起，组成了互相关联的地下网络的一部分，它们连接起了许多相邻植物的根系网络，使各种有用物质和重要信息能相互流通。它们构成了所谓的"树联网"（wood-wide web）。[31] 既然植物能和其他植物、其他物种做这样的深入来往，那么认为植物或许也能在自己体内以一种类似"思考"的复杂方式开展交流，又怎能算异想天开呢？我们将会看到，要以一种新的、积极的眼光看待植物，这一点正是关键。

生物符号学（biosemiotics）认为，所有生物都参与了意义的创造。它被定义为“研究生物之为生物的特性的学问，包括它们的认识、它们的意图和它们的知识”[32]。这些活动在单细胞生物的层面上就存在了，这些生物已经可以收集信息并且做出决策。比如有一种黏菌叫“多头绒泡菌”（*Physarum polycephalum*），它们的原质团是一种类似变形虫的细胞，具有令人惊讶的能力。在实验室里把它们放进一座迷宫，它们能在其中找到最短的捷径，假如它们只是用行为反射对基本的环境信号做出反应，是不可能做到这一点的。[33]可以说，这种原质团对世界有了自己的感知，这种感知由环境中收集的大量信息构成，它们会评估这些信息，并用于决定将来的行为。既然相对简单的单细胞生物都能做到这个，为什么复杂的多细胞植物就做不到呢？

我们想当然地接受了植物会向着光线生长的观念。每个人都见过一盆放在窗台上的植物是如何热切地将茎伸向窗玻璃，到后来我们不得不把花盆换一个面，免得它重心不稳。如果将植物向光生长的过程加以分解，会发现它不像表面看起来那样简单。植物必须察觉光源的方向，并将这条信息传达给它的组织，以指导茎的生长模式。光线的变化比植物的生长要快得多，因此在植物的生长过程中，必定有某些比简单的反射更加复杂和精确的东西在起作用。我们在上一章已经看到，植物能够预先规划它们叶片的位置。就算把它们在黑暗中放一两天，它们依然能储存太阳将从哪里升起的信息。

再将这拓展到一株植物随时间推移可能收集到的其他信息——土壤中水和矿物质的位置、一只靠近的食草动物、温度的变化、相邻的植物如何自卫或者繁衍、每天的日照周期——就会浮现出一张由丰富的体验编成的织锦，植物用它来决定短期和长期内所有的内部活动、身体运动以及生长模式。于是它变成了一个拥有感知的生物，有了自己的环境界（umwelt），能从世界中创造出意义了。以我们动物的感官和速度，会觉得这个过程难以察觉，但我们至少可以开始想象了。如果我们还只会盯着动物的，尤其是人类的沟通渠道和求知方式，我们就会错失周围这个自然界中的大部分意义。

背景中的绿色

人类看重动物轻视植物的偏好是根深蒂固的，即便在本该关注植物的地方也是如此。2019 年春季，我到伦敦附近的邱区（Kew）参观皇家植物园。这是全世界最著名的植物园，生长着来自世界各地的 5 万多株活体植物。在入口处，参观者会经过邱园壁画（Kew Mural），那是一幅木质浮雕画，描绘了 1987 年 10 月 16 日的一场毁灭性风暴造成 1000 多棵乔木死伤的惨剧。这是一件惊人的作品，它用许多种木材精心构建而成，全部来自被那场暴风雨打倒的树木。其中用到的桦树、橡树、鹅耳枥、椴树、山毛榉、榆树和其他木材，以优雅的颜色和质地，拼接成了一幅震撼人心的画面。

但这幅画也有它奇怪的地方。当我仔细观赏时，我发现浮雕的大约三分之二都是被风暴赶出家园的动物，其中还有一对摆在景观园林门口的中国石狮子，被做成了活的动物形象。甚至风暴本身也做了拟人化的表现。但是那些树木和其他植物——虽说整幅壁画都用它们破碎的身体构成，却都沦为了背景。看来连这座植物科学伊甸园的大门也不能免俗。植物构成了这颗星球上众多生命的基础，我们却因为自己的动物速度对它们视而不见，即便在这个围绕着植物呈现一部丰富科学史的地方也是如此。我们必须塑造一种以植物为中心的叙述，它必须积极地将人的目光吸引到植物上去，还要充分体现植物在我们的生态系统和经济活动中的主导作用。[34] 我们可以从关心植物做起，要注意植物行为的真正细节，要打破自己认为植物过着懒惰和静态生活的成见。在下一章，我将推开植物世界的大门，让大家一起改变视角，更加清楚地看到它们。

第二章
Chapter Two

寻求植物的视角

“我近来发现卷须很有意思。”达尔文在给他的朋友约瑟夫·胡克（Joseph Hooker）的一封信中写道。那是1862年一个漫长困顿的夏季，达尔文已经在病床上躺了好几个礼拜，湿疹发得厉害。他仅剩的安慰，就是望着窗台上那几盆黄瓜幼苗伸出金丝般的卷须探索环境。达尔文观察了许多个小时，眼看着它们在周围的空间做圆周运动，寻找着可以攀爬的支撑物。病情格外令人沮丧，但这个项目也使达尔文深深着迷。“这种琐碎的工作正适合我。”他在信中写道。他还要求胡克再去弄些外来物种给他观察。疾病妨害了他像往常一样生活的能力，使他无法再忙碌地开设实验，无法和许多人保持通信。[1]他才53岁，却已经被迫过上了迟缓的生活，他变得更像植物了，只能慢慢地痊愈和恢复体力。静态的生活打开了他本就专注的思维，让他用前所未有的耐性观察起了自家的植物。这也使他更能从植物的角度看待它们，用植物的节奏体验植物的生活。

当然，像达尔文这样热衷求知的植物学家，是不可能让自己懒散下来的。他为黄瓜的卷须整整着迷了四个月。等恢复到可以走动时，他又坐到田野里去观察蛇麻幼苗是如何顺着生长杆向上攀爬的。他把它们带回家里，和盆栽的黄瓜以及藤本铁线莲放在一起，让它们的茎在他的窗台上爬格子，看它们踌躇满志地寻找外面的光线。他开始给它们系上小的重物，以减缓它们的行动，还在它们身上做了标记，以追踪它们的进展。到夏季结束时，他已经写出了一篇可观的论文，后来由林奈学会发表，这是一篇长达 118 页的专著——《攀缘植物的运动和习性》(*The Movements and Habits of Climbing Plants*)。[2] 在文章中，达尔文指出了两种攀缘方式在演化上的联系，一种是黄瓜用弹簧似的卷须缠绕在物体上，另一种是铁线莲用“钩子”紧紧扣住物体。这两种方式都是为了解决演化上的一个重要问题：没有挺拔的茎，该如何获得光照？[3]

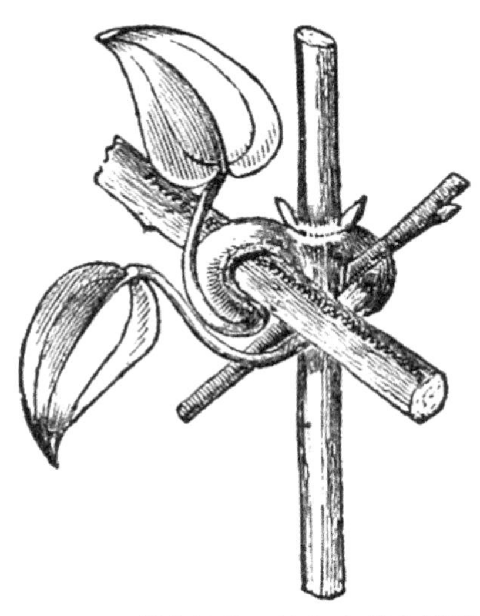

图 2-1　攀缘植物，达尔文书中插图

达尔文对他那几根“卷须”的兴趣显示了进入植物世界所需要的心灵转变，即在想象中将自己变成一种截然不同的生物。他在文章中写到的当然只有他那些植物的卷须，但是在缠绵病榻的那几周里，他和那些植物的关系也变得非常亲近，远远超过了一般只关心命名法的分类学家，或是那些在实验室里将植物的身体剖开观察细节的植物生理学家。如果只是对植物的名称和家谱做详细了解，或只是弄清植物赖以生活的生理机制，并不能在研究材料之外揭示更多关于它们的信息。这些不过是观察植物的方式。达尔文还希望能看见它们。而且他看见的东西绝不枯燥。一些植物真的让他吃惊。它们做到的事情并不简单，也未必缓慢。有时它们反而快得令人震惊。[4]

达尔文发明了一种方法来记录他用肉眼看到的景象。他在一株植物的某个部分的上下两侧各放一块玻璃板和一张纸。他先在纸上画了一个参考点，并在他感兴趣的植物器官上粘一根细丝。每隔一段固定的时间，他就用视线将细丝末端和参考点连起来，然后在玻璃板上记下视线与板相交的位置。通过依次连接玻璃板上的点，他画出了植物器官的运动轨迹，这让人能用肉眼更加清晰地看见这种运动，因为它已经被放大了许多倍。这是一种极富创意的方法，在延时摄影发明之前，它就使人眼能捕捉到植物的运动了。达尔文甚至能“拉近”观察植物的运动，他要做的只是改变玻璃板和植物的距离：将玻璃板放远，就能增加各点的间距，从而使微小的运动在他绘出的轨迹中更加明显。通过观察植物的运动和生长，达尔文率先理解了它们的“习性”。他比任何人都更早地明白，植物的身体方位和形态变化是一种行为，就像动物的运动一样。一切生物的生长都是缓慢的，但对植物来说，几乎所有的运动都是由于它们的生长发育模式。而一旦到了实验室里，植物的这种行为就会被做实验的植物生理学家用纯机械的研究方法抹除。[5]

要想理解植物的智能，我们就必须像达尔文一样仔细观察植物的行为。我们的目光必须超越那些眼睛能够直接看见的快速运动，像是捕蝇草蓦地合上叶片或是含羞草突然收拢。事实上，任何一株植物的生长部位都不会绝对静止。植物的所有器官都在动：根尖、卷须、叶片和花朵莫不如此。它们在生长中都会摇摇晃晃地绕圈子，达尔文将这一模式称为“回旋转头运动”[circumnutation，来自拉丁文的 *circum*（圆形）和 *nutare*（点头）]。利用玻璃板技法，达尔文绘出了那些茎、花柄、叶和小叶的数百种动作，并用断断续续的线条将它们的探索式漫步归纳了出来。

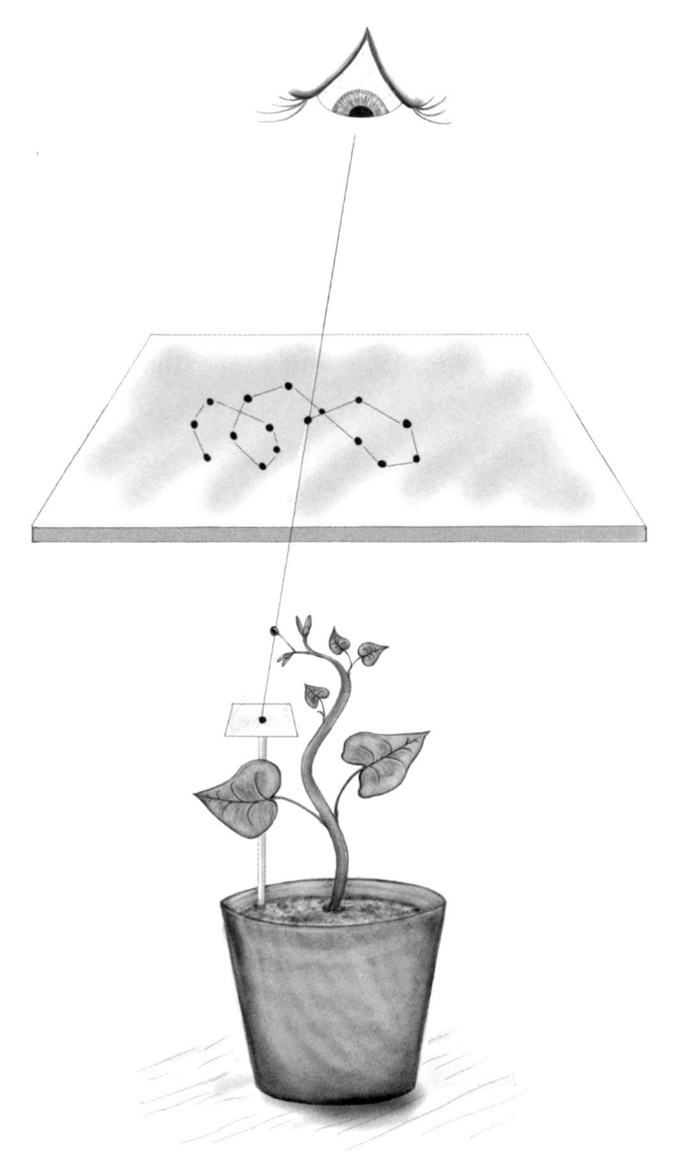

图 2–2　这幅画显示了达尔文用玻璃板观察植物运动的方法。达尔文用细丝在植物身上系了一个蜡珠，再用视线将蜡珠和下方卡片上的参考点连起来，然后在玻璃板上画下视线与板相交的位置。一段时间之后，他将这些点依次连接，绘出植物曲折的运动轨迹

我在最小智能实验室开始研究植物智能之前，搬到爱丁堡住了一年，其间我去了三个系做研究——哲学系、心理系和植物生物系。[①]这三门学科的汇合最终将我引向了对植物认知的深入研究。也是因为这种组合，我才会萌发出本书中的想法：如果只盯着一个方面，我就绝不会想到将它们联系到一起。刚到爱丁堡时我有了一段经历，它在我的脑海中激发了一个灵感，推着我走上了接下来的旅程。我入住的那套公寓位置好极了。它有一扇凸窗，能同时望见爱丁堡的标志景点亚瑟王座（Arthur's Seat）和赫顿区（Hutton's Section），后者是詹姆斯·赫顿（James Hutton）于18世纪中叶取得惊人突破、发现岩石形成于一个动态过程的地方。[6]距此地一箭之遥，就是达尔文二十岁不到时作为医学生居住的地方。虽然当时他的专业是研究人体，达尔文仍不由得对生命采取了一种整体性的看法，在完全不同的生物类别之间寻找起了互相连接的领域。他常常旁听约翰·S. 亨斯洛（John S. Henslow）的植物学讲座，并到野外去寻访植物。[②]常有人看到他和导师罗伯特·E. 格兰特（Robert E. Grant）走在福斯湾（Firth of Forth）边观察海绵。当时的人们认为这是一种神秘的生物，是介于动物和植物之间的东西。在达尔文看来，生命不再是层级结构，而是一株分叉而相互关联的树。[7]他发现，即便表面静止的生物也值得关注，它们同样参与了残酷的生存斗争。

我的公寓虽然位置优越，却没有摆放家具。我也没有认真布置，只买了一台唱机为它增添一点家的气息，顺便还买了一张唱片：艾拉·费兹杰拉（Ella Fitzgerald）演唱的《科尔·波特歌曲集》（*The Cole Porter*

---

①我当时受西班牙政府资助（教育、文化和体育部有关高等学校教授与高级研究学者公派留学的项目），到爱丁堡大学哲学、心理及语言科学学院休了一年的学术假，并参与了三个项目［PMARC——知觉运动动作研究联盟，与大卫·N. 李（David N. Lee）教授合作；EIDYN——爱丁堡认识论、心灵及规范性中心，与安迪·克拉克（Andy Clark）教授合作；分子植物科学研究院，与荣誉教授托尼·特里瓦弗斯（Tony Trewavas）合作］。

②亨斯洛后来谢绝了随同小猎兔犬号出海的邀请，把这个机会让给了达尔文。我们都该好好感激他。

Songbook)。一天，我坐在那扇凸窗前面眺望亚瑟王座，一边看着我摆在窗边的那盆巨大的舞草缓缓舞动，一边听艾拉用醇厚如丝绒般的声线唱道："这件事鸟儿会做，蜜蜂会做，就连受过训练的跳蚤也会"，我把这首歌放了一遍又一遍。听到她在歌声中一一点名，我的脑海里也浮出了形形色色的动物和植物：从波士顿豆、海绵和牡蛎，到蛤蜊、水母、电鳗、鳎鱼，甚至是囚在鱼缸中的金鱼。艾拉唱的是它们的性爱纠葛，而在我看来，这些生物"会做"的事情要远比爱和性重要。它们不单是在"坠入爱河"，更是在显露各自的智能。我的思绪迅速掠过了一幅幅表现它们惊人能力的缩影：蚂蚁或白蚁之间的交流，果蝇的预先思考能力，蠕虫将不同形状的树叶拖入洞中的聪明。就像有性生殖的诱惑之网不只捕捉人类一样，认知的种种元素也出现在一切生命形式之中。以上生物，每一种都具备自己的智能，包括不是动物的那些。

我一边听歌，一边任由自己的心灵经历了一次奇特的转变。我仿佛费力攀上了生命之树的枝杈，一路上经过了我们一代代的动物祖先——灵长类、早期哺乳类、硬骨鱼，还有艾拉歌里唱到的所有无脊椎动物。我在演化史中逆行，一直到达了将近 15 亿年前所有动物和植物的共同祖先，那远古的单细胞生物。接着我又沿另一个方向开始了一段神秘的攀登，穿过一个由异族构成的光合作用王朝，一直抵达了我正在观察的植物所属的那一科。[①] 随着旅程的进行，我的自我形象也变化着。原本由肌肉和骨骼组成、被禁锢在颅骨中的大脑所控制的动物躯壳开始渐渐消散，变成了一种缓慢、灵巧、修长、对世界的认识截然不同的生物。在想象中，我变成了一株植物，但我知道这不过是一个假想游戏。当我看着眼前这株植物，看着它弯曲茎秆、倾斜叶片，兜着圈子极慢地舞动，用芭蕾般

①动物和植物都源于 15 亿年之前的单细胞共同祖先。那位祖先或许已经能运动了。由它分出的一条世系吞噬了一个较小的光合作用细胞，这个细胞最终发育成了叶绿体，于是植物诞生，生物从此不再需要靠移动获取能量了。见 McFadden，G. I.（2014），"Origin and evolution of plastids and photosynthesis in eukaryotes"，*Cold Spring Harbor Perspectives in Biology* 6：a016105。

的动作捕捉点滴阳光，这个思维实验或许能让我抓住一些线索、让我理解看到的景象。

这样像植物一般静坐时，我的脑中浮出了一句引言，它是弗朗西丝·霍奇森·伯内特（Frances Hodgson Burnett）在《秘密花园》（*The Secret Garden*）里写的，我正好在读这本书：

> 我不知道它的名字，于是叫它“魔法”……一切都是“魔法”做成的，叶子和树，花朵和鸟，獾和狐狸，还有松鼠和人。[8]

霍奇森·伯内特所说的这种“魔法”是一切生物所共有的东西。正是它为一切生物注入活力。叶子、树木、花、鸟、獾和狐狸、松鼠和人，一切都存在于同一条连续谱上，因为同一个本质而获得生命，并在各自的演化之旅中激发出了各自的独特形式。它们的生存，与其说是层层分叉的生命之“树”，倒更像是一片各个物种在自己的演化坡道上渐渐爬行的“适应性山野”（adaptive landscape）。这样看来，智能还会只在动物中产生吗？我认为不会。

这个山野的概念是理查德·道金斯（Richard Dawkins）在《攀登不可能的山》（*Climbing Mount Improbable*）一书中提出的。[9] 他用这个比喻来表达一个思想，即复杂的适应过程和难以想象的多样性等看似不可能的发展，可以在漫长的演化史中，一小步一小步地实现，每一个物种都在曲折而渐进地攀登演化的顶峰。就像道金斯所说，这个“缓慢而累进、一次只迈一步的随机变量的非随机生存”就是“达尔文所说的自然选择”。每个物种都有自己的一道山坡，并不存在一座大家共同攀爬的终极顶峰。这些山坡不可能骤然登顶。你无法直接跳上去，也不能从高处降落到另一座山峰上。一旦开始攀爬，你就再无退路：“一个物种不可能为了前进先倒退几步做准备。”自然界存在许多山峰，有许多种方法可以解决同样的问题，或者对环境高度适应。举一个经典的例子：不同种类的眼睛演化了四十多次。每一种眼睛都试图从略微不同的角度解决一个问题：如何将光线转化为生物周围的信息。[10] 这个山野的比喻或许比一棵树的形象更为适当，更能帮助我们克服对生命形式孰高孰低的成见。一棵树固然可以描述生命在时间中的分叉关系，但是在它上面叠加了我们对事物做出贵贱之分的本性，就会造成误解。而一片山野的概念反而能创造一片平等的运动场地，在其中每一个物种都面对各自的任务，都要从同样的平地开始忙碌地攀登。

在时间上做手脚

要区分“观察”和“看到”其他生物，尤其是像植物那样与我们截然不同的生物，其实不像听起来那么容易。我们都能凝视一株植物，能对所有物种做出详细分类，或者揭示它们生长发育的生理学机制；但是要看到一株植物真正在做什么并理解它，就微妙多了。它需要我们做视角的转变。面对植物，我们大多数人并不能自然地转变视角，理由已经在前一章说了。我们努力看到的，或许只是某个高度复杂的对象最浅层的表面。我们想理解植物的生活中真正发生的事情，想把握植物的智能，但这些不是直接能够看到的。我们能观察的只有一株植物如何由种子生长发育为成体，再从中推演出驱动这个过程的智能有着怎样的性质。我们不能天马行空地乱讲故事。

达尔文当年曾受到过学界的嘲讽，说他缺乏严谨的实验步骤，但事实上，他的观点都是以谨慎客观的测量为基础的。[11] 我们在每一个层面上都会受到阻挠：要想深刻理解植物的智能，我们就必须对植物的行为做彻底的观察，再从中梳理出植物的内在活动。而要看到植物的行为，我们又必须对植物的生长做一些操纵，好让我们自己的动物感官觉察到它们。这肯定会以某种方式影响植物生长的真实图景，甚至使它们看起来更“像动物”。如果不是非常小心地开展操纵，我们就只能做些简单的推测，或者更糟，只能将复杂的植物行为简化为纯粹的生理反应。寻求植物的视角是一项棘手的工作。

行为是引导我们在复杂的植物迷宫里走向中心的那条金线。我们必须设法用自己动物感官的知觉接通植物的行为方式。为了做到这一点，我们使用的工具很大程度上取决于我们想观察什么。最常见的做法是将构成植物主要外部行为的生长动作转化成我们容易观察的东西。我们感知图像的时间尺度大约是十分之一秒（也就是平均每秒可以加工 10 到 12 幅图像），这比植物生长的时间跨度要短暂得多。[12] 解决这个问题的一个办法是压缩时间，这也是一直令我着迷的做法。就在离开西班牙前往爱丁堡之前，我迷上了针孔相机，通过一个小孔，它能将一张简单的相纸曝光几分钟之久。我用针孔相机拍摄的第一张相片是我姐姐在一处阳光明媚的海湾前横躺在长椅上。在我给相纸曝光的那几分钟里，我姐姐始终保持静止，但她的衬衫被风拂动了，海水也被吹出了小小的波澜。于是在最后的相片里，她的身体相当清晰，衬衫和水面却很模糊。这张相片拍出了相同时间内的不同运动轨迹。

图 2–3　针孔相机拍摄，横躺在海湾前的长椅上的我姐姐

我在爱丁堡的公寓里布置了一间暗房，为不同的植物拍摄了针孔相片。欧洲北部光线清冷，用来曝光相片的时间比在地中海的烈日下漫长了许多。我会一动不动地坐上十五分钟，等待相纸曝光、捕捉植物在那段时间里的动作。最后得到的是一幅时间被压缩的图像，仿佛一部电影里的每一帧都

被并入了这幅画面。有了这样一部针孔照相机，只用一张相片就可以表现不同的时间尺度了。因为没有镜头，整个视野都很清晰，这不同于那种较为复杂的相机，只有镜头前特定距离的图像才是焦点。使用针孔相机，前方发生的任何事情都会被印到相片上。所有在曝光时间内静止不动的对象都会清晰地呈现出来，而运动的那些都显得模糊，它们在这段时间的运动会浓缩成图像中的一团模糊。这等于是延伸了肉眼的体验，并将其转化成了一张相片。[13]

我开始运用几种新工具来拓展自己的知觉，那都是达尔文没接触过的。我用延时摄影拍摄我花园内生长的植物。在那里，有一种名叫“阿鲁藤”（*Araujia sericifera*）的外来藤本长势特好。它有一个别名叫“残酷藤”（cruel vine），因为它会绞杀遇到的任何植物，由此成为蔓延全欧洲的入侵生物。我对阿鲁藤的环境不加干涉，没有给它竖杆子或加上复杂的实验装置，只在它们旋转着寻找支撑物，或者缠上我的橄榄树和橘子树时，为它们拍摄延时镜头。后来我又把这个延时拍摄计划带进实验室，使它成为最小智能实验室的研究项目。在这个过程中，我意识到了一件我对自己都难以承认的事：无论我怎么调动自己的注意力和想象力，当我用肉眼观察植物的时候，它们的能力带给我的触动，总是不及我回看自己拍摄的延时画面那样直接。那些经人工加速的植物深深吸引着我那带有偏见的动物心灵，这是费力而缓慢的观察无法做到的。

为了吸引自己的感官并使植物的行为更加明显，我们可以用延时摄影技术拍下植物在几小时内的快照，然后压缩进一个短暂的镜头。如果有一株藤本围绕它的根部回旋着寻找支撑物，肉眼很难一连几个小时盯住它的运动，但会喜欢一组表现植物的茎在几分钟内打转的镜头。这项技术其实在达尔文透过玻璃板观察植物后不久就诞生了。在1898年到1900年间，卢米埃尔兄弟（the Lumière brothers）才刚刚发明电影放映机，德国植物学家威廉·普费弗（Wilhelm Pfeffer）就用组装“延时剪辑”（time-lapse clip）的方法，对植物的运动做出了开创性研究。[14]他制作了一系列令人着迷的剪辑，其中有郁金香蓦地开花，含羞草卷曲舒展，幼苗伸出根系，嫩芽克服重力旋转生长。在我们投去目光之前很久，将植物行为做成可见影像的能力就存在了。

这类技术的结果成为将植物变成自然类纪录片主角的关键，而这在以前是绝对做不到的。大卫·爱登堡爵士（Sir David Attenborough）的许多节目都使用了延时镜头，它们花费几个小时、几天甚至几个季节的时间拍摄，为的就是将植物的私密生活表现得如同我们较为熟悉的动物影像一样激动人心。就这样，幼苗在雨林地面上持续几天的发芽过程，变成了一场颤抖而激动的生命竞赛，整个过程仅几秒钟；随着四季更迭，颜色的变化和树叶的增减也变成了一场波澜起伏的迷幻表演。本来要用肉眼费点力气才能注意到的，乃至那些几乎不可能看到的，现在都变得扣人心弦，看一眼就能获得满足了。在最小智能实验室里，我们通过聚焦个体植株达到这个效果，服务科学研究。我们将植株放在一个圆筒中央，并在它的上方固定一台相机，每分钟拍摄一张相片。到放映时我们每秒放 24 帧，在 1 秒的镜头里呈现 24 分钟的活动，短短几分钟就能压缩好几个小时的动态。我们甚至可以用红外线录下夜间的影像，就这样昼夜不停地观察植物。

不过植物也不总是要加速的。为了看清它们在做什么，我们有时反而要放慢它们的动态。比如捕蝇草叶片的收拢，或者在被授粉昆虫触碰后重新排列雄蕊的动作，就可能远远超出我们的眼睛能够捕捉的速度。每当出现这种情况，我们就需要每秒能拍摄 1000 至 2000 帧的高速摄影机了。比如，龙须兰（*Catasetum*）会弹射一种名叫“花粉块”（pollinium）的黏性花粉器官，粘到飞临花朵的毫不知情的昆虫身上。这个过程发生得极快，昆虫还来不及躲避就背上了兰花的货物，只能负重飞走，它最好能飞到另一朵兰花上，让花粉被雌蕊接收并生出后代。这种弹射动作的速度可以达到惊人的每秒 3 米（即每小时 10.8 公里）。对一种没有神经或肌肉的生物而言，这算得上神速了。你只要眼睛一眨就会看漏。就算眼睛不眨，你也无法看清花粉块在空中划出的短暂弧线。花粉块有记载的最高速度是每秒 303 厘米，这个速度在整个植物界都鲜有匹敌。[15] 难怪达尔文会把龙须兰称为“所有兰花中最奇异的一种”。[16]

我们使用复杂的技术让知觉变得清晰，但这并不意味着我们因此就能对智能行为做出正确的测量。我们也曾对完全没有生命的物体开展大量技术含量极高的观察。以 20 世纪 90 年代发射进入地球轨道的哈勃太空望远镜为例。那是一项不可思议的工程壮举，能够用紫外线到近红外的广泛辐射拍摄高清画面，使我们望见太空深处。那是人类智慧的一项伟大成就，但它记录的都是无生命的物质。而要用技术捕捉行为，并揭示行为背后的智能，我们就必须灵巧地使用这种技术。这也是为什么我们必须认真思考自己的探索路线。我们必须将正确的成像工具对准需要捕捉的对象，还要理解这种拍摄技术可能对植物造成什么影响，这些方法又有什么局限性。我们必须用专门设计的实验程序来取得结果，从而揭示植物内部发生的事。

我们和植物之间的任何技术中介都是有代价的。采样、记录和编辑都会以这样那样的方式将偏见带入我们的体验。延时摄影可以将表面的静止转化成我们眼中的运动，将生长转化为行为。它能将难以感知的对象轻松地带入我们的感觉系统。但是对这项技术的运用也要谨慎和小心，用它绘出的植物行为图像不能是粗糙而残缺的，不能像社交媒体上那些过分修饰的照片。我们很容易想当然地认为，每分钟拍摄一帧已经足够提供合适的观察密度，让我们追踪一株植物在寻找攀爬支撑物的几个小时内的所有运动了。但那样想就错了。每分钟拍一张相片，意味着你将错失植物 59/60 的行为，而且植物的动作并不总是缓慢的。

比如菜豆，它们有时会花 1 小时在周围笨拙地转圈，这个过程可以加速为短短几秒的镜头（1 小时拍摄 60 帧，再以每秒 24 帧的速度播放）。但有时它们也会快得出奇。我就见过几株这样的菜豆，它们令我大吃一惊。植物毕竟也分个体，不会都做出同样的行为。其中的一株菜豆我称之为“尤塞恩·博尔特”，它能够迅速“抓住”一根杆子并紧紧缠绕上去，甚至不用先和杆子接触。这样的一“抓”不同于常见的逆时针旋转，而且速度极快，几分钟就结束了，甚至快到了不会在延时影片上留下任何细节。除了知道它抓住了杆子之外，我们难以看清它具体是怎么做的，因为延时影像错失了太多内容。就像恐怖电影里的吵闹鬼戏耍主人公，让他架好了秘密相机也拍不到是谁在移动家具一样，菜豆也仿佛能将延时影片中的镜头抹去。它们就在我们眼皮底下做到了意外而神秘的事情，就算我们布置好相机也没用。但实际情况是，我们任由自己被误导进了一个虚假的现实，认为相片连续播放就等于时间延绵不绝，而其实那些短暂的动作从来没有被我们的设备所捕捉。在这方面，肉眼倒是能看清短短几分钟内的一抓，比延时摄影可靠多了。

把植物变成动物

几年前，在印度南部特伦甘纳邦的首府海得拉巴市，一棵奇怪的棕榈树在当地短暂地享有了一阵名声。它从一早上就开始倾斜，仿佛一名醉汉扶着一根栏杆。整个白天，它都持续缓慢地倒下，角度越来越陡。到傍晚时，树顶的叶子几乎触到了地面。但是说来不可思议，天黑之后，这棵棕榈树又会自行挺直。到午夜时分，它就又变得垂直于地面了，10 英尺（约 3 米）高的树干昂然矗立，就好像什么也没有发生。在当地人看来，这种日复一日的神秘壮举是超自然力量在起作用。他们蜂拥到树下祈祷，认为它是向神明沟通的渠道。

当时，印度南部奥斯马尼亚大学（Osmania University）的一位教授写信给我和其他几位学者，询问如何科学地向当地人解释这棵树的反常动作。他担心这棵倾斜的棕榈会激发某种邪教。有一位学者在回信中根据植物生理学和棕榈树周围的特殊环境提出了一种解释：可能是白天时，树木在烈日下蒸发水分，因此失去了膨压（turgidity），使得树干变软、树冠倾斜；到了夜里，树木又从近旁的水井里吸饱了水，因此恢复了直立姿态。也可能树干被寄生虫或长期弯曲所破坏，变得更柔软了。这个解释并不简单，也绝不是当地人能一下听懂的。他们只知道植物是不会动的，而这棵树的运动体现了某种超自然的灵力。

我对棕榈树弯曲的实际原因的兴趣不大，我更感兴趣的是当地人会在它的活动中解读出超自然的原因。以前也有人在其他棕榈树上观察到相似的行为，观察者也提出了各种解释。20世纪初的印度博学家贾格迪什·钱德拉·博斯爵士（Sir Jagadish Chandra Bose）就记录了孟加拉国的一棵名为“福里德布尔祷告树”（Praying Palm of Faridpur）的椰枣树的每天的弯腰运动，他将这种运动归结为对重力的反应和对温度反应的复杂相互作用，其中牵涉到树木内部电信号的振荡。博斯最终提出了一个假说来描述植物对环境的探索和应对，成为早期植物生理学的开创者之一。

我们已经看到，在人类心中，运动和智能是密不可分的。这意味着表面上静止不动的植物，很难被我们看作拥有智能。但讽刺的是，我们又极擅长为随机移动的物体赋予各种伟大动机。这种倾向大家都不陌生：我们会在任何线条形状的组合中看到人脸，想象这里是眼睛那里是嘴巴。在1944年的一项研究中，实验心理学家弗里茨·海德（Fritz Heider）和玛丽安·西梅尔（Marianne Simmel）展示了我们对似是而非的“行为”是多么关注。[17] 他们给34名研究生观看了一段包含二维形状的黑白影片，其中有几个三角形和圆形运动了一分半钟。接着两位心理学家要被试者“写出你们看到了什么”。结果被试者的叙述大多像肥皂剧大纲。他们将这些形状写成了男人或者女人，并赋予了它们目的、计划以及对周围对象的行为做出反应的能力。几何形状变成了故事中的人物。[18]

海德和西梅尔又对37名本科生开展了同样的实验，要求他们描述这些形状的人格。这一次，这些形状不仅是活的了，它们还有了关系和情绪。它们有的“英勇”，还有的“懦弱”或者“小气”。当两个圆形绕着彼此转圈，它们是在表达喜悦。当一个圆形躲入了一个矩形边框，它是在惧怕外面那个悄悄潜行、咄咄逼人的三角。只要加上运动，这些黑白形状就会在人类的想象中变得人性化了。这种想象力是宝贵的。因为有了它我们才变成了现在的社会动物，能够假设其他人的精神世界，并对他们的行为做出有意义的解释。但也是因为有它，我们才会产生误导性的幻觉，错误地理解那些以陌生的方式存在的生物。植物有生命，但毕竟不是动物。我们不能光看它们的脸就理解它们的内部活动。我们必须努力从植物自身的角度去看待它们和它们的主观体验。

但这里又藏着真正的危险，它可能一开始就破坏我们的努力，令我们无从下手。我们要想理解植物，就必须同时避免“拟人”和“以动物为中心”这两种倾向。就像海得拉巴的那棵棕榈树所展示的那样，对任何看起来过于活跃的东西，我们都很容易将它排除在植物的范围之外。而那个形状实验又说明，我们可以将几乎所有东西都看作人。我们的本性就是会将自己身上看到的东西和周围环境看到的东西做类比，用熟悉的来推断不熟悉的，从近旁的拓展到远方的。我们的这种将自身体验投射给其他生物，并为没有生命的世界赋予灵性的倾向，在历史上曾经催生了大量丰富的神话和泛灵论的宗教信仰。我们不可避免地会将自己、将自己内心的主观体验作为理解世界的出发点。[19]但我们又不能单靠类比来理解世界：类比的假设并不是建立在数据上的，它们只是投射到外部世界的我们自己。即使往好了说，它们也很难证明。而往坏了说，它们更可能是错误的、误导性的，尤其是当它们需要连通的领域相距太过遥远的时候。

在这个问题上有两个极端：一个是拟人倾向，也就是在毫不相干的事物中看见我们自己；另一个是人类中心主义，也就是拒绝承认我们和其他生命形式之间存在联结。一个怜爱宠物的主人可能会想象自己的蛇在吃饱了饲料后觉得“满足”，因为主人自己也会因为食物而情绪高涨。至于蛇是否真有这种情绪，我们着实不知。况且揣摩一条蛇的表情比揣摩一条宠物狗要困难多了。但反过来说，我们也可能对拟人的倾向过度提防，乃至不愿承认其他生物也有情感。在《人与动物的情感表达》(*The Expression of Emotions in Man and Animals*，1872）一书中，达尔文放了一张插图，画的是一只猫在一个人的腿上摩擦，并附文称“一只充满爱意的猫”。一直到 20 世纪开始之后很久，这个说法还在受到心理学家的批评，说它犯了拟人的错误。如果达尔文能够答复，他一定会说假定人类才有情感是人类中心主义。他曾经主张，这类“充满爱意”的行为与猫的内部状态之间有必然的关联，其目的就是对周围的生物造成一定的影响。由此还可以推出，内心状态及其表达，对于社会性动物的交往是不可或缺的。[20] 拟人化的阴影和伪科学的责难曾在很长时间内阻碍对其他动物情感能力的探索，但现在这股风气正在改变。[21]

这把双刃剑在植物智能的研究上显得更为锋利。植物或许很难一下子被拟人化，但这也是因为相比动物，它们显得更加陌生，离我们更远。要在观察它们的同时保持客观要困难得多。为此我们在 MINT 实验室的研究也遭到了不少批评，这些我们将在第二部看到。在 2013 年的一期《纽约客》（*New Yorker*）上，才华横溢的作家迈克尔·波伦（Michael Pollan）引用了植物生理学家林肯·泰兹（Lincoln Taiz）的一句话，泰兹曾经宣称，将攀缘的菜豆称为“智能”包含了许多风险，包括“对数据的过度解读、目的论、拟人化、哲学化以及不着边际的瞎想”。泰兹认为，MINT 实验室正在落入“泛灵论”（animism）的陷阱。他提出了许多质疑：菜豆是用哪种感觉通道感知杆子的（如果它真的感知到了）？这种植物又是如何控制移动方式的？这里头存在“智能”难道不是观察者在想当然？这难道不算是拟人化吗？

他的看法我非常同意。我们必须非常小心，在探索植物的巧妙行为时不能被兴奋冲昏头脑。这毕竟是科学研究。无论我们研究的是哪门科学，兴奋都是激发我们的动力之一——谁都渴望获得新知，但唯有谨慎才能让科学成为知识的坚固根基。说到植物的智能，我很乐意承担举证的责任。人要经过一些精神训练，才能不对菜豆、菟丝子或西番莲卷须的探路技巧做出过分解读。但是我们也不该由此滑向动物中心主义。泰兹和他的团队主张：“即使为根的生长和茎的盘绕拍摄延时录像使它们加速后看起来仿佛动物一般，也不能构成意识或者意向的证据。”[22] 他们的解读代表了一种流传甚广的误解，即智能和意识与我们自己的知觉尺度所能觉察的反应类型（即快速运动）是不可分割的。但其实它们可以分割。构成智能证据的并不是行为的速度。我们不是在用延时摄影刻意把植物拍得像动物，我们只是想用压缩时间的方法，让植物的行为变得更容易感知罢了，而我们一旦看见这些行为，就能进而揭示它们背后的智能了。延时摄影揭示了植物行为中的复杂模式和灵活性，这一点用其他方法是看不见的，这就像是放慢一些动物的快速运动（比如鸟的飞翔）能使我们更加清晰地观察它们并理解它们一样。吊诡的是，批评者指责我们搞动物中心主义，其实他们自己的态度才是动物中心主义的。[23]

以上论述在实践中意味着什么？当我们在延时镜头中观看一株藤本探索它的环境，我们会发现它的行为自成系统。它可以伸向一个表面，试探它合不合适，若不合适就缩回来；它还能精准地调节姿态，如果需要就重复这一循环。我们会本能地将这个过程解读为这株藤本有了意向，好像它对所做的事情都计划好了似的。这当然是一种拟人的视角。然而，我们的这种直觉是一种自然的反应，当我们看到一株植物在一片复杂的地貌中探索威胁和机遇时，我们自然会觉得它的行为不光敏捷而灵活，还有着主动性和预见性。我们可以用不同的手段探索这一点：用延时摄影观察植物的行为，用植物生理学的研究部分揭示植物如何在生化和发育水平上运作。但是我们仍会错过潜在的情节。[24] 理解植物行为中表现出的意义和智能需要另外一种方法，要将严谨的植物科学、认知科学和哲学结合起来。我们在 MINT 实验室做的就是这样的研究。[25]

如果观察方法足够谨慎，我们就可以着手从植物行为的观察中梳理出智能存在的证据了。在设计植物实验时，我们希望借用动物认知研究的一些范式，以此搭出一副理论框架来指导我们的研究。如果我们还是只会将植物剖开了，研究它们的生理学细节，那是无法理解植物智能的，只是观察它们的行为也无法推测出它们的内部状态。过去几十年间，人们一直在设法将各种实验设计用于动物，从而揭示它们行为背后的智能基础，这些研究是任何人都不该忽视的。除此以外，我们还可以在植物和动物的认知之间做出宝贵而有效的类比。但这并不意味着我们就要把植物看成动物。

不止观察，还要看见

我在本章开头写了一位才华横溢但卧床不起的博物学家，写他在自家房间的窗台上观察植物生长，后来我又写了高科技摄影机在实验室拍摄不间断的延时影像。这就是技术的进步。但是要看到植物的智能，我们还必须动用我们拥有的一切观测手段。除了巧妙的科学之外，如果我们希望能真正看见植物而不仅是观察它们，我们还必须像 19 世纪的达尔文那样，与植物发展出一些私密关系。只有肉眼才能告诉我们，这一株植物在这个时间和这个地点的情况。科技工具是宝贵的辅助，但它们各有各的局限，必须明智运用才行。我们必须将眼光从分类学和植物命名法上移开，它们主宰植物研究已经太久，那些标签和抽象类别已经无法向我们透露植株个体的智能了。

相反，我们必须关心的是特定植株及其环境的具体而专门的性质。我们要承认植物会运动，但又不能滑向泛灵论，要抛弃在智能问题上的人类中心霸权，免得落入拟人化。我们要训练自己不带偏见地将认知研究用于一类全新领域的生物，这必定让我们用客观的眼光和全新的角度更好地看待我们自己的认知。如果成功，我们或许就能揭开植物惊人成就背后的真正原因了。

第三章
Chapter Three

聪明的植物行为

根系的头脑风暴

在我到 MINT 实验室安顿下来开始研究之前很久，我曾经去往西班牙南部的圣何塞村（San José）观看一部不同寻常的流动放映电影。同行的是我的两位植物学家朋友，弗兰蒂泽克·鲍卢什考和斯蒂法诺·曼库索。我请了一小组人，包括他俩，一起在周末到那个村子去集思广益，讨论植物的“大脑”。我们给这次聚会取了个有些神秘的名字，叫“圣何塞根脑风暴会”（San José Root-Brainstorming Meeting），这是为了隐射他们喜爱的一个假说，即植物的“大脑”可能在根里。和达尔文一样，弗兰蒂泽克坚信植物的信息加工发生在它们的根尖。他曾用许多年时间在波恩大学的细胞和分子植物学研究所研究这个观点。我们希望看看大家共同的兴趣和各自的专业知识能把这个想法推进多远。

我们从白天一直聊到傍晚，当夜色降临时，我们前往海边的一家酒吧补充能量，喝上一杯。斯蒂法诺最近延时拍摄了一种生命力很强的菜豆——超级马尔科尼（*Supermarconi*），地点在佛罗伦萨的国际植物神经生物学实验室。[1]他将这些珍贵的镜头存进了一个U盘，带在身边。幸运的是，我也总会随身携带一部小型投影仪，于是我们当即决定在酒吧里架设一间简易放映厅。酒吧的人很帮忙，为我们清出了一片空白墙面。接着，这种豆科植物的幻影就开始在墙上蜿蜒爬行起来，它在阴影笼罩的架子、玻璃杯和酒水之间闪着光芒，似乎在努力寻找一根杆子以供攀登。我们把这段延时影像看了又看，完全陶醉其中，搞得其他顾客都一头雾水。他们不明白这段影片有什么特别的，为什么能把酒吧里这三个一看就很奇怪的男人弄得这么兴奋。但我们几个至少是激动万分的。很显然，这株菜豆的活动远不止看上去那样简单。

第二天，我们来到海边的沙滩，用一根拐杖在潮湿的沙子上画出了实验设计方案，任由想法在这张布满沙粒的无垠画布上挥洒。我们谁也不想被冲昏头脑，可是当我们一边散步一边画下脑中浮现的草图时，一条又一条看待菜豆攀爬的新思路在我们眼前涌现出来。一时间，海滩上仿佛布满了卷须和茎，各种箭头和直线假设着它们的行为，而当下一波潮水漫过，这一切都会被洗刷干净。弗兰蒂泽克和斯蒂法诺很清楚菜豆是如何“运动”的，但有些东西我却不知道。[2]原来这植株是用末端的卷须和垂直的茎之间的“运动区”来控制动作、让自己打转的，这就是达尔文描述的“回旋转头运动”，它们还用这个区域来对这种运动做精确调控。[3]回旋转头运动并不是一种自动模式，植株可以对卷须的行为做主动调节。运动区的细胞发挥着液压泵的作用，在茎的两侧扩大或者收缩。带电粒子如波浪一般在细胞间迁徙，水分也跟在它们后面，改变着细胞的膨胀状态。这能有效地拉长或缩短茎在两侧的相对长度，使卷须随之移动。[4]这有点像是体育比赛中的人浪，细胞中液体的膨胀和收缩形成了一种平滑而有节奏的脉冲。这样的变化肯定是受到植株控制的，但在当时，我还只能模糊地想象它背后的机理。

达尔文在《攀缘植物的运动和习性》中描写了这些动作，他的根据是他对吊灯花（*Ceropegia*）的研究，那是一种常见的装饰性植物，会以复杂的动作攀缘支撑物。达尔文将这种植物的动作比作一根绳子不断变化弧线的甩动，它“一次次地接触棒子，一次次地向上滑行，再一次次跳下来并落到棒子的另外一边”。[5]在我们看来，这就仿佛一个牛仔飞出绳圈想要套住一根杆子，或是一个飞钓者将钓线前后甩动，每一甩都更加接近目标。它在第一次扔出卷须之后会继续一次次地甩动，直至够到支撑物。它会在往回甩的动作结束时稍作停留，接着马上开始下一次向前的动作。它的目标当然是确定爬杆的位置，想瞅准了一举把它“抓住”。

斯蒂法诺的延时影片，还有我们三人在那个周末的兴奋讨论，都令我久久不能忘怀。它们启发了我在MINT实验室的初步研究，在那里我们开始用实验探索这些想法。我们首先想到了分析吊灯花的动作。我很高兴能和达尔文研究同一属植物，心想他可能是在小猎兔犬号的航行中第一次遇见它们的。我们知道他曾经路过特内里费岛，也知道吊灯花的几百个已知物种中的一些广泛分布于加那利群岛，从那里带一些幼苗回实验室应该很简单。但令我失望的是，我发现他根本没有踏足圣克鲁斯港。因为一次霍乱暴发，小猎兔犬号的船员在船上隔离了两周，船长决定放弃登陆直接驶离。[6]最后我们还是将菜豆定为了下一阶段研究的合适对象，一个重要原因是它的回旋转头运动比较简单，而吊灯花可就复杂多了。

我们开始在实验室里用延时摄影研究菜豆幼苗，为的是看清它的生长——那当然也相当于看清了它的行为。2016年，我们专门搭了一个生长棚，并延时拍摄了菜豆伸向50厘米开外一根爬杆的过程。[7]我们将拍下的镜头制成图表，让数小时的动作浓缩成一幅图像，结果一目了然。一个惊人的模式浮现出来。[8]菜豆兜着圈子，弧度越来越大，直到搭上爬杆。

简单地说，菜豆嫩芽顶端的运动轨迹大致相当于一根螺线，随着嫩芽的生长，它的运动逐渐从圆形变成了椭圆。它总共旋转了21周，每周平均耗时117分钟。旋转第一周的时间最短，才持续了98分，最长的一周有154分钟。整个运动模式比第一眼看上去要复杂冗长得多（也有趣得多）。在某个时刻，嫩芽跳过了螺线轨迹的后半段，半路改道直接切向了爬杆。终于，我们亲眼看见了植物的行为。

从适应到认知

在 MINT 实验室，我们很想弄明白植物是如何够到支撑物的，是什么让它以目标为导向？这样的目标导向行为似乎需要一部精准调节的细胞机器来统管一切。而这就引出了另一个问题：这部机器的性质是什么？它仅仅是一部自动机呢，还是包含了复杂的加工，就像我们知道的动物一样？为了避免刻意用过去的偏见蒙蔽自己，我们一定要怀着开放的心态开始这项研究。我们对这个领域还不算了解，还无法预期会发现什么。

对于我们在 MINT 实验室的研究，有批评者提出这些观察所显示的不过是复杂的适应，那些行为都可以分解为对刺激的自动反应。他们以兰花为例，说那些花朵的色泽与形状虽然多得惊人，但它们的精美外观都是为了引来昆虫运送花粉，那只是自然选择的例子，不能算作认知。这些批评者主张，我们在攀缘的菜豆和其他实验对象中观察到的，并不是任何意义上的由认知驱动的行为，因此不可以做这样的解读。我们却认为他们想错了，这种行为单用反射式的反应是无法充分解释的，其中必然还有别的东西。但是我们也明白，提出证明应该是我们的工作。所以我们来把这个复杂的问题慢慢拆解开吧，看看我能否说服你菜豆的作为不仅是我们的想象，这些攀缘者不单是适应良好的生物，而且它们的种种能力、连同其他植物的种种能力，都是植物认知的结果。

为了分清这两种观点，我们首先要明白适应（adaptation）和认知（cognition）间的细微差别，或者说，认知里有什么内容是无法用适应来解释的。[9] 其实说起来，认知当然也是一种适应，能令植物更好地在环境中生存。[10]“适应”通常是指对特定输入的自动反应。因为在演化史上的巨大优势，它已经被编入了遗传密码。它是反应性的，必须有刺激才会发生，并且每一次的反应都大致相同。就像车库门上的动作感应器能控制它是否继续关闭，行为上的适应也会以特定方式应对环境中的特定条件。其中是没有多少灵活性的，只有一种被遗传固化的机制。这意味着适应不需要动用多少处理能力。想想你的膝盖被捶打时的跳膝反射：还没等信号传入大脑，你的腿就踢出去了，因为它动用了一条闭合的神经元回路。它无须运算，所以速度很快，能在你的膝盖撞到外物时及时发动以阻止你跌倒。但这也意味着你无法真正地控制或修改这个动作。

认知行为也有其适应性，但它除了适应性还有更多内容。它还有预见性，能使生物针对将来的环境变化做出最佳选择。它更有灵活性，能对各种不同的因素做出反应，并有着各种不同的表现。它还是目标导向的，其目标是改变环境或生物自身状态，而不仅仅是被动反应。这些特质的要求远远超出“膝跳反射”。它们需要动用来自植物各个部位、从根到芽的多种来源的信息，这些信息还必须加以综合以做出协同的反应。[11] 它们可以在植物的终身学习中改进，并在将来塑造出更好的行为。植物会用多种方法来实施这种认知驱动的行为，有的是通过生长，有的是通过快速运动，也有的是通过释放强有力的化学物质影响周围的生物。

在《植物的运动本领》（*The Power of Movement in Plants*）一书中，达尔文和他儿子弗朗西斯写道：“在植物的结构中，就功能而言，没有一种比胚根的尖端更加奇妙。”这里的“胚根”（radicle）指的是根的生长尖端，它与外部世界的不同方面接触，比如光线、重力和有形的阻碍，并选择如何应付它们，好在地下成功找到出路。达尔文父子最后总结道：“在这个尖端上往往有两个或更多个诱因在施加影响，最终一个战胜了另外一个，胜利方无疑对植物的生命更加重要。”这场诱因之间的战争，以及随之引发的行为，就是破解植物认知的关键之处。[12]

行走的棕榈和捕食同类的毛虫

为了清楚地阐明如何区分植物的这两种行为，我准备先从简单的适应性行为的例子讲起，然后再渐渐过渡到潜在的认知性行为。这个由简单到复杂的过渡中充满了令人惊异的例子：我们必须仔细观察，辨明它们的背后是适应还是认知。

就算是物理适应性已经相当惊人了。在南美洲的潮湿热带雨林，有一种叫作“行走棕榈”的植物，学名是“*Socratea exorrhiza*”。[13] 这东西长得像一个面黄肌瘦的小孩，树干的平均直径才 12 厘米，却可以长到约 15 至 25 米高，它没有一头栽倒真是不可思议。不过这种棕榈的树根很不寻常，它们像高跷似的根根突起，构成一只篮子形状，从地面向上延伸到树干底部。看那样子，仿佛整棵棕榈都要迈开大步、像蜘蛛般在沼泽中穿行。甚至 1980 年时有人提出，这种棕榈真的会“行走”——它会在想要前进的方向长出新的树根，并放任“身后”的树根腐烂，由此用缓慢的步伐在地面上移动。[14] 然而这个说法并没有证据支持。[15] 行走棕榈并不是真的会漫步。更有可能的情况是，这些根系构成的“腿”是为了赋予这种棕榈惊人的比例，使得纤长的树干能够快速长高，从而不必耗费材料长粗也能吸收高处的光线。它们的另一个作用或许是使这种棕榈在高低不平、布满木头和树干的地面上扎根。长出这些树根能替棕榈解决一个重要问题：既能在过分拥挤的森林中快速照到阳光，又不必在缓慢的生长中熬出粗大结实的树干。

有些植物还在适应中学会了用奇特的方式解决养料补给的问题。大多数植物会通过光合作用，用太阳能合成像葡萄糖这样的分子。它们能在一定程度上自给自足，虽说也常常要通过根系与真菌保持密切联系——它们由此从土壤中吸收其他营养物质，以补充阳光的不足。不过，有少数几种植物完全绕开了这套体系，做到了全心索取而绝不付出。它们打入了真菌和树根之间那张营养丰富的菌根网络，榨取其中的资源，自己却不通过光合作用贡献养料。其中的一种植物在 2015 年由京都大学白眉中心（Hakubi Center for Advanced Research）末次健司（Kenji Suetsugu）带领的团队发现，地点在日本的亚热带岛屿屋久岛。它平时在地下生活，只在偶尔想要繁殖的时候，才在地面上伸出几根高 2 英寸（约 5 厘米）的深红色茎，并结出几个花苞。其他时候它就埋伏在土里，渗透进岛上的古老雪松及其真菌网络之间的共生连接，从中吸取养料。这种植物有一个恰当的名字叫“*Sciaphila yakushimensis*”，其中“*sciaphila*”的意思是“喜欢阴影”。它们是植物中的游击队、寄生虫，规避了一般植物辛勤进行光合作用的负担。[16]

植物的适应性还能让它们迷惑周围动物的心智。比如西红柿在受到毛毛虫这样的植食者攻击时会产生某些化学物质。[17] 威斯康星大学综合生物学系的约翰·奥里克（John Orrock）和同事验证了这些物质究竟是如何保护西红柿植株的。[18] 他们发现这些物质会对植食者产生可怕的作用：让它们开始捕食同类。这些物质既会让毛毛虫觉得难吃，也会提醒周围的植株也开始分泌它们。接着，饥饿的毛毛虫就会放下西红柿叶，转而相互攻击了。这样能起到双重效果，一方面毛毛虫靠吃肉而不是常吃的植物填饱了肚子，一方面也减少了植食性昆虫的总数。

这一跨物种的洗脑术虽然惊人，却仍然“只是”一种适应。受到昆虫掠夺的植物分泌特殊物质以引起昆虫同类相食，这种反应已经在漫长的演化中刻进了植物的基因，是它们与食草动物之间激烈军备竞赛的结果。昆虫带着镰刀般的口器和消化能力前来进犯，植物则以细胞装备和化学武器予以回击。就像行走棕榈和盗窃养分的 *Sciaphila yakushimensis*，这里是无须用到认知的。

不动声色的期盼

还有一些植物行为，表面看来只是简单的适应性反应，但如果深入探究，你就会发现它们其实要复杂得多。能预见到环境中可能发生的变化，比如降雨或者日出，就能使植物做好准备，最大限度地利用这些机会，由此获得长久的回报。比如在非洲热带地区，植物会在雨水到来之前就长满叶片，以确保它们能利用即将到来的生长季节。[19] 我们已经看见了菜豆和其他藤本植物在生长中寻找光线的行为。还有的植物会在整个白天追踪一个移动光源——太阳。这些拜日教徒都是趋光植物。整个白天，它们的叶片和嫩芽都会动态地追踪太阳在空中的轨迹，而且精度极高。年幼的向日葵会自东向西转动头部跟着太阳，前后偏差不超过 15 度。这样能使最多的阳光照耀花朵，并由此吸引最多的授粉者。①[20] 你或许认为，植物根据光线照射的方向追踪太阳只是一项简单的任务，但我要告诉你一点：有些植物在阴天也能准确地追踪太阳。如果你趁着夜色将一株年幼的向日葵旋转180度，它就会根据太阳和花朵之间的新角度，花几天时间重新调整运动方向。这些植物不仅是在对周围发生的事情做出反应，它们或许还有一个内部模型来描述太阳的下一步行为，并由此指挥自己的动作。

再看看植物的夜间行为，事情就更神秘了。包括年幼的向日葵在内，许多这样的拜日教徒都会在夜间重新摆放它们的叶片或者花朵，使之面向太阳即将升起的方向。它们不单是重复白天的动作，而且速度也快了一倍，甚至前一天晚上没有任何来自太阳的信号时也依然如此。还记得康沃尔锦葵吧？这种小小的植物能预测太阳将在何处升起，并提前将叶片转到那个方向，即使隔断了一切阳光，它也能这样坚持几天。这种行为是适应性的，能使叶片在一天中吸收最多的阳光。但它也是预测性的：叶片不是照射到阳光后才做出转动的反应，而是提前预备好了等待日出。

图 3-1　植物预测并提前转向太阳升起的方向

①还有许多其他植物会追踪阳光，其中一些我们很熟悉，比如棉花，以及和它同属锦葵科的许多其他成员。另外大豆和紫花苜蓿也都是有名的逐日者。一旦向日葵成熟并且开花，它们就不再转动，而是始终面向东方，以充分利用照射花朵的阳光。

锦葵能做到这一点，部分是通过一种延迟反应机制。锦葵利用在光合作用中积累的淀粉颗粒来“标记”太阳的方位。当植物在阳光下照射，光合作用会使糖分堆积，糖分再转化为淀粉颗粒。早晨，当阳光从一侧照射植株，淀粉颗粒就会在茎的一侧堆积。白天时，当阳光位于上方，它们又会均匀地分布在体内。到夜里，当光合作用停止以后，淀粉就会分解以产生能量。但因为日出时植株的一侧堆积了较多淀粉，到夜晚临近结束时这一侧也仍会剩下较多淀粉颗粒。这会影响茎的两侧对细胞水分的调节，使得茎在日出之前就朝着日出的方向弯曲。[21]

锦葵等植物之所以要朝着日出重新定向，是因为能占得先机永远是一件好事。在一天中最大限度地进行光合作用能给予它们很大的优势，尤其在那些日照不怎么充裕的地方。有点像学生预习好功课准时来到学校，这些植物也可以一边进行代谢反应为光合作用做准备，一边在白天时段吸收尽可能多的阳光。而既然它们能预测太阳会在什么时间、什么方位升起，那势必意味着，植物能在某种程度上、以某种方式在内部为环境建立模型。使花朵能在阴暗条件下追踪太阳的那些机制与昼夜节律有关，那是植物的一个内部模型，模拟的是支配植物体内的变化何时发生的外部周期性变化。它受到光线和温度等关键线索的控制，使植物的内部时钟能正常运行。能够准确计时是很要紧的：内部时钟使植物与周围的一切同步，不仅对变化做出反应，更能预先为变化做好准备。能够运行内部功能与环境互动，并与外部变化相呼应的植物，日子要比那些被敲除了昼夜节律基因、不再遵循日夜周期的植物滋润得多。[22]

为什么预测环境中的变化以及变化的时间，对于植物如此重要？如果我们答出了这类问题，或许就会更加接受植物的才能，因为它会告诉我们，植物的能力必然超越了被动。对这个问题有不止一个思考角度。我和我的同行阿里埃勒·诺沃普兰斯基（Ariel Novoplansky）各自强调了它的一个方面，阿里埃勒是一位植物生态学家，在以色列内盖夫的本·古里安大学工作。我的角度集中在环境中快速变化的复杂性。我主张，在一个快节奏的生物经济体系中，植物承受不起糟糕决定的后果。要让自己的行为具有适应性，它们就必须将未来也纳入考虑，因为世界发展得实在太快——这一点对于会动的生物同样成立。植物要想在几个小时、一天或者几周之后的环境中适应并且生存，它们就必须能够预测。所以，根系在生长时必须预测资源将在哪里出现，嫩芽的转动、生长、出蕾和开花都必须受到这种预测的指导，其中包括了哪里会有阳光，季节如何变化，或者将来是否有充足的矿物质和养料来支持生长。花朵甚至可以根据过去的经验推算在什么时候生产和释放花粉，以此配合授粉者可能到访的时间。[23]

阿里埃勒的角度则强调植物生命节奏的缓慢。他指出，植物做什么都慢，一旦出错了就不可能再试一次。它们只有一次机会做出正确选择，因此最好第一次就选对。按照他的思路，会动的动物就没有这个压力。即使一只动物选错了前进的方向或者觅食的场所，它也很快能倒回去再试一次。而一株植物要是将大把能量投入错误的生长方向，等长到那里却找不到养料、水或光，那它的麻烦可就大了。[24] 因此，指导植物生长和行为的信息往往必须是关于未来的信息。植物的生长必须是预期性的生长，如果它要给植物带来好处的话。

无论强调环境变化的快还是植物变化的慢，这两条思路的结论是一致的：植物必须能预测将来。如果植物在演化中学会了尽可能迅速地对环境变化做出反应，我们也毫不意外。那么，它们为什么就不能像动物一样利用这些信息来学习和预测呢？

应对复杂性

光线会在哪里出现、何时出现，只是植物关心的许多件事情之一。和动物一样，植物生活在复杂的世界里。它们需要大量细致的方法收集信息，并用它们来指导自己的行为。适应性，也就是对环境的熟练自动反应，使植物能以简单而有效的方式应对那些普遍的问题：利用资源充裕的宿主，向着光线生长，吓退食草动物，保持直立，等等。然而这些反应无法培养出灵活的能力，让植物能精确调控自己的行为，以充分利用环境中多样而动态的方面。要做到这些，还必须收集大量不同来源的信息，将它们综合起来指导行为，这些行为可以十分灵活，因为植物的生长发育具有可塑性。[25]

这两个关键的概念，综合（integration）与灵活（flexibility），值得我们停下来仔细考察一番。我们通常认为，植物是会在生长中接近或者远离对象的生物——接近光线、远离重力、接近水源等等。但是我们在实验中发现，植物还会对生命和非生命环境中的许多其他方面做出反应。它们的反应对象包括光谱的五个区段，以及白天的长度和季节的变化。其中还包括湿度、振动情况、盐浓度、营养物质随时间的变化、土壤中的微生物、邻居的竞争、被吃掉的风险、风和温度等许多其他因素。[26] 植物随时在这诸多不同因素造成的需求之间权衡，有时还不得不在里面排出轻重缓急。你不可能样样做到最好，尤其是处在一个始终变化的复杂环境之中，身边还有其他努力活得最好的生物时。

我要明确指出，这类权衡每时每刻都在植物的叶片底下发生。叶子不仅会吸收阳光，它们还有一种“气孔”（stomata），一般分布在下表面，作用是让气体和水蒸气进出叶片。它们可以根据植物的需求敞开或者关闭。最重要的是，在阳光充裕的日子，气孔能持续向叶片细胞供应二氧化碳，那是光合作用的关键原料。但这里就出现了一个自相矛盾的地方：在炎热晴朗的日子里，植物需要更多二氧化碳，同时照射叶片的阳光也会使植物蒸发更多水分。于是，要让气孔敞开吸进更多二氧化碳，植物就必须听任更多水蒸气离开。假如这时根系可以从土壤中抽取大量水分，问题还不算大，但如果当地条件干旱，植物就会面临严重的脱水风险。为了平衡这两种需求，气孔对叶片中的二氧化碳浓度以及来自根系的应激信号都很敏感，后者通过一种名叫“脱落酸”（abscisic acid）的应激激素传递。[27] 这种信号的高低精确调节着气孔的开合程度，目的是一边尽可能多吸收二氧化碳以满足需求，一边又不使植物有枯死的风险。这些信号甚至能形成某种记忆。如果植物活过了一段干旱时期，它们就会用一种信号分子来调控将来的气孔开合程度，这种分子在动物体内也有，名叫“GABA”，你也可以使用它的全名，γ-氨基丁酸（γ-aminobutyric acid）。GABA会保留在植物细胞内部，记录干旱的强度。[28]即使在单个细胞的层面，对植物生命的各种需求也必须小心地加以权衡。

从整个植株的角度来看，资源是有限的，必须明智地利用。植物始终在密切关注环境的诸多方面，并将这些信息综合起来指导自己的身体发育和生理反应，使自身有最好的机会茁壮成长。在这些活动中，有一部分在我们看来很像是动物的行为，它们表现出了对自我的认识和对领地的保护。植物还会制作一幅周围土壤的内部地图来指导根系生长，它们由此找到肥沃的地块，并在碰上障碍物之前就避开它们。[29]这些本领部分源于它们的另外一种能力，那就是觉察身体所有部分的位置，类似于动物觉察自身各部位空间位置的“本体感觉”。[30]

为了将这些信息综合到一起，植物必须在它们居住的不同区域之间沟通，最明显的就是在“地上”和“地下”的部位之间。根必须与芽对话，这样才能将植物持续接收的信号拼成一幅更加完整的周围世界的图景。植物伸出根毛的微小尖头或嫩芽的生长顶端，在尽可能远的范围内感觉一切。这些信息还必须传递给植物的其他部位。只有这样，植物才能平衡相互竞争的资源需求，并做出有效的反应。例如，植物会根据邻居在做什么决定如何对生长投入资源。如果它们长得太过靠近，就会阻挡彼此的阳光。因此，一株在树丛中生长的植物为了接收阳光，就必须以最快的速度长高，相比根系它会更加重视新枝的生长。那它是怎么知道自己身处树丛的呢？一个方法是通过身体的触觉，即触碰邻居的茎和叶。这一触觉信息会传遍植物全身，一直到达最下面的根部。一株植物在地上与邻居触碰，它的根就会产生几种化学物质，将自己的拥挤处境传达给附近的其他植物。

我们可以看到，关于周围拥挤程度的信息给了植物一个选择，并由此影响它们的决策：在它们的生长之路上出现了岔道，就看它们会走哪一边了。有一项研究测试了玉米幼苗是如何在一个“Y形迷宫”中长出根部的。这座迷宫是一个向下分岔的容器，每个分岔里各有一种不同的溶液。一边的溶液中生长着叶子被触碰过的植物，从而模拟拥挤的生长条件。另一边的溶液中生长着未受触碰的植物。结果几乎全部幼苗都选择了“未受触碰”的溶液。看来是“触碰”溶液中的什么东西使这条成长之路的吸引力大大降低了。而那些别无选择、被强迫接受“触碰”溶液的植物，也会着重投入大量精力于新枝而非根系的生长，说明它们也感受到了在竞争中领先的需要。[31]

植物每时每刻都在做这样的沟通，它们甚至可以影响邻居的开花活动。例如，人工延长蔓菁（*Brassica rapa*）植株的日照时间，它们就会较快开花，并较少将能量用于根部贮藏器官的生长。如果在它们边上另种一批植株，这批植株在人工缩短的日照环境中栽培，开花就会很晚，却很重视在营养器官中贮藏能量，当两者并排栽种，就会发生一些有趣的事情：这时短日照植株也变得更早开花了，并忽略了贮藏器官的生长。长日照植株似乎通过根部的化学物质将安乐的日子告诉了短日照植株，引得它们也采取了相同的行动，虽然外部并没有日照延长的信号。[32] 根系的对话影响了植物地上部分的行为，使得植物能综合全身收集的信息，并设计出一个整体策略。

随波逐流的生长

就像只看植物环境的一个方面，以及植物对它的反应会使我们对植物的行为产生一个过于简单的印象一样，我们同样不能假设它们在一种环境下的反应会适用于所有环境。植物固然只在一个地点扎根，但那意味着它们必须更好地应付周围的变化。它们无法像动物那样移居到有更多青草的牧场，只能逆来顺受。它们也无法从猎食者或寄生虫手下逃走，必须直面它们的进攻。[33] 考虑到植物在环境中觉察、预见的种种情况，它们必须在各个方面都极为灵活——包括如何生长，如何安排繁殖和其他活动的时间，以及如何保护自己。如果感应到下方有障碍物，它们可以克服根部顺着重力往下伸展的习惯；如果面临干燥或有些寒冷的环境，它们可以组织防御，抵抗干旱或者霜冻；它们也能根据之前休眠时的经验，改变茎的生长方式。

它们可以在土壤潮湿的时候将叶片转向太阳，在土壤干旱时再别过去，就像动物那样权衡决策。

当植物表现出“行为”时，它可能在做几件事。[34] 首先，它可能是在对自己的生长模式实施不可逆的改变，从而做出长期而缓慢的“动作”，就像攀缘的豆类那样。其次，它也可能在对不同细胞中的水分实施可逆的改变，从而做出短期动作，就像捕蝇草或叶片上的气孔。它可以长出像花这样特化的器官和组织。它也可以改变自己生产的化学物质，并由此改变生理特性，就像我们看到的西红柿那样。我们在观察植物的作为时必须牢牢记住这些——它们和动物的“行为”是不同的。[35] 行为通常不会改变动物的生长模式，使之与基因编码的模式产生显著差异；而一种植物对它的生长和动作所做的决策（包括朝什么方向生长、什么时候分叉、什么时候扣紧支撑物或者开花），却能决定这种植物的外形。植物细胞的刚性会被它们在形态上的不确定性所抵消。用科学术语来说，这就叫“表型可塑性”（phenotypic plasticity）[36]，其中“表型”指的是可以从外部观察到的一种生物的一切特征。一种动物，无论在何种环境中发育，它的外观都大致相同。而一株植物如果换了一个环境，它在外观和行为上都会彻底变成另外一株植物。植物的表型是在与环境的复杂交互中塑造出来的。并且我们会在下面的例子中看到，这种可塑性的背后或许正是可以称作“认知”的东西，也就是适应的、灵活的、预见性的，并且由目标引导的行为。[37]

藤蔓传来的消息

我们猜测，植物的一连串行为都有认知过程的支撑，包括学习和记忆、竞争性的风险敏感行为，甚至还有数学能力。[38] 比如，记忆本身就必须通过学习来掌握，它是生存所需的关键能力。有许多例子显示植物会对之前遇到过的事物做出反应，这些反应是由它们早先的经历激发的。如果之前受到过攻击，它们就会更快地对食草动物或寄生虫发动防御。温度或化学环境的变化也会对将来的五至十二代产生影响。[39]

在所有可能有认知基础的复杂行为中有一种特别重要，那就是植物通过多种渠道与周围的同类，甚至与其他物种的持续沟通。植物使用的是气味这种静默的语言。它们通过叶、芽和根说话，当然也通过花和果；树木甚至能通过树皮将气味释放到空气中去。几乎所有植物都掌握了化学交谈的技巧，它们用全身合成各种挥发物质（挥发性有机物，简称“VOC”）并将它们送入空气，借此实现多种目的。VOC 通过萜类化合物（主要是异戊二烯）的复杂混合提供有价值的信息，但也会用到苯环型化合物和其他化合物。我们可以将每一种挥发性物质都视为植物词汇表中的一个元素，多种不同的有机化合物构成了“单词”，有点像用乐高搭积木。[40] 总之，植物的沟通靠的是一张丰富的词汇表，其中包含了挥发性物质的 1700 多种组合。[41]

植物的行为可以因为交换的讯息而出现显著变化。[42] 对于特定讯息的传递，微妙的差异就会造成天大的不同。比如，刚修剪完的草坪散发出的那股典型的“青草味”，就是草叶被割伤产生的结果。由 VOC 组成的遇险信号会警示附近的草类，提醒它们危险即将来临、赶紧组织防御。有时不同物种的植物也会互相提醒，三齿蒿（*Artemisia tridentata*）和烟草（*Nicotiana attenuata*）就是一个例子。一株烟草如果正好在一株受伤三齿蒿的空气传送范围之内，就不太会被食草动物注意到。三齿蒿这位灌木好人会释放几种 VOC 警示烟草，让它启动生产驱虫剂的机制。[43] 提早警示和快速沟通会带来巨大的改变。

这些讯息还会穿越到植物世界之外。我们已经看到西红柿释放的化学物质是怎样扰乱食草动物的大脑，使它们捕食同类的了。别的植物和树木也会在遭到攻击时招募自己的“保镖”。它们在空气中散布化学物质吸引捕食性昆虫，而那些昆虫正好喜欢捕食威胁它们的植食者。没有受损的利马豆（*Phaseolus lunatus* L.）会用萜类化合物招募捕食性的智利小植绥螨（*Phytoseiulus persimilis*），令讨厌的二斑叶螨（*Tetranychus urticae*）无法靠近。[44] 还有些植物会从腺体中分泌出花蜜来引诱蚂蚁，使它们觉得这儿有糖吃。这些蚂蚁接着便扮演起了哨兵的角色，将植食者赶走。[45]

这张连绵不断的沟通网络说明，植物具有某种社会智能。在动物身上，社会智能的一个基本元素就是识别亲属，因为亲属多半会与你合作而不是拆你的台，毕竟你们有着相同的遗传物质。除了在空中散布 VOC 之外，植物还能用根部渗出的化学物质彼此交谈并认出对方。还记得前面在 Y 形迷宫中生长的玉米幼苗吗？有研究指出，其他植物在与别的物种争夺地下资源时，也会表现得比面对同类时更加凶狠。将美洲海滩芥（*Cakile edentula*）与其他植物种在同一只花盆里，它长出的根系会比和亲属一起生长时要庞大得多，这正是为了在觅食竞赛中获得更大赢面。[46] 在地面上，植物有时能“看出”别的植株是不是亲属。在生物学中被广泛用作模式生物的拟南芥（*Arabidopsis*），似乎就会利用邻居反射光线中的独特波长来分辨它们是不是亲属。在和亲属一起生长时，这些植物传出的种子会比和陌生物种一起时要多得多。可能是和家人在一起时生活较为容易，因此植物才能投入更多精力繁殖。[47]

植物甚至能对自己的选择做出风险评估，这一点在资源有限时是相当重要的。植物在肥沃的土壤中往往长势较好，但植物的根系不只会关心水分和营养。这件事并不是像服从一条命令那样简单的，比如“在氮（氮是植物生长的关键元素）浓度较低时多长一点”。要在面对猎食和竞争的同时优化觅食以寻找肥沃的土地，植物就必须时刻关心一系列参数的实时波动。[48] 在经过明智的成本 / 效益分析之后，植物才会决定将宝贵的代谢资源投向何方。[49] 比如豌豆在生长根部时，就会根据环境采取保守或激进两种态度。在一项实验中，研究者将豌豆植株的根部分到两个容器里，借以观察它们如何做出朝哪里生长的风险判断。在一个容器里，研究者为植物提供的营养物质浓度始终不变，而另一个容器浓度会变化。在浓度不变的容器中向植株提供充分资源，它们就懒得把根长到浓度变化的容器里去了。[50] 它们对把能量投到哪里采取保守态度，做出了安全而可靠的选择。不过，要是浓度不变的容器中营养过分稀缺，植物就会冒险把根长到浓度变化的容器里去，必要地激进一把。你甚至可以认为，这些植物在决定自己应该采取什么策略，依据的是对冒险必要性的某种评估。[51]

豌豆记得

在对植物智能的研究中，有一个激动人心的领域刚刚兴起，它指出了植物也有学习和记忆的能力。个体植株可以从环境中获得新的信息，将这些信息保存起来，并用它们引导将来的行为。这个观点并不完全是新的。我们在序章中认识的那种怕难为情的含羞草，就一直是植物学家用来探究植物如何学习的对象。它的敏感和闭合反应深深吸引了18世纪的植物学家，包括R.L. 德方丹（R. L. Desfontaines）。[52] 他曾开展一个很容易复制的实验，将一株含羞草放到了一辆移动的马车上。一开始，马车的颠簸使这株植物闭起了叶子，但是过一阵子，它的叶子又重新张开了，显然是习惯了运动。如果马车停止一阵再重新开动，继续的颠簸就会使植株再次迅速闭合，直到它再次习惯运动并张开叶子。[53] 后来到1873年，威廉·普费弗又指出，如果过度频繁地戳弄含羞草，久而久之，它就不再对触碰做出反应了。[54] 这是学习的一种非常简单的形式，称为“习惯化”（habituation），也就是一种刺激频繁发生且没有后果，使得植物对它的反应变得迟钝，并最终被完全忽略。

2014年，《植物如是说》（*Thus Spoke the Plant*）的作者莫妮卡·加利亚诺（Monica Gagliano）和她在西澳大学的同事一起研究了含羞草的习惯化倾向，发现其中有两个迷人而复杂的方面。[55] 首先，当一株含羞草所处的环境光线不足，它在受到触碰时就会更快地习惯化并张开叶片，速度远超过光线充裕的同类。在昏暗的环境中，闭合叶片的缺点会放大，可能使含羞草丧失光合作用的宝贵时间，这时对于食草动物啃食的风险就不必再那么敏感了。而当周围光线充裕，含羞草可以提高警觉，避免任何可能是捕食者的东西。其次，含羞草的习惯化并非暂时现象，而是可以维持28天之久。含羞草似乎具有长期记忆。[56]

莫妮卡和同事又继续研究了植物其他更为复杂的学习类型，都是我们通常认为只有动物才能做到的那些。在“经典条件反射”或者说“巴甫洛夫条件反射”中，只要对个体开展“训练”，将一个通常不会引起反应的中性刺激和另一个通常会引起反应的刺激多次共同呈现，个体就能学会对那个中性刺激也做出反应。想想巴甫洛夫的那几条狗，它们一听见铃声就流口水，因为铃声经常与食物一同出现。在充分训练之后，它们没有食物也会产生反应了。莫妮卡和她的团队发现，豌豆植株也能像这样学习。她们将豌豆植株放进我们之前看到的玉米根系那样的Y形迷宫里，让豌豆幼苗选择往哪里生长。[57] 在一条岔道里让幼苗照射促进光合作用的蓝光，作为吸引它们生长的“奖励”。后来即使没有蓝光，它们也会选择上一次蓝光出现的方向。接着，研究者对豌豆幼苗开展了训练，它们在蓝光出现之前先用一台小风扇搅动空气，那是幼苗原本不做出反应但能够察觉的刺激，几天下来，精彩的事情发生了：在风扇的吸引下，幼苗偏离了自然反应，不再向迷宫中上一次出现蓝光的岔道生长了——因为它们感到了风扇位于另一条岔路。看来，对于经过充分训练的豌豆幼苗，那部风扇变成了“晚餐”的代表。[58]

达尔文也对植物在萌芽过程中的学习做了观察性论证。他指出，幼苗的嫩叶会根据以往的光照经验，对光线做出不同的反应。[59] 植物可以从自身经验塑造的灵活行为中获得显著优势。因此，当它们做出一些曾经只被看作动物行为的事情时，我们或许也不必太过惊讶。想想一株植物是如何在土壤中寻找营养的吧。将资源投入根系的生长是成本很高的一件事，如果植物能找到一个值得这样做的地方，它们就更有可能利用现成的资源。拉策尔（Latzel）和同事设法“教会”了野草莓（*Fragaria vesca*）在光照强度和土壤营养之间建立联系。经过训练，有些植物将明亮的光线和肥沃的土壤联系了起来，另一些植物则将暗淡的光线和肥沃的土壤相联系起来。再将植物移栽到两者并无联系的环境中去，它们的这个经验依然存在。“明亮组”植株会在光线强烈时长出深根，“暗淡组”则会在有遮蔽处长出深根，虽然两处的土壤肥力并无分别。[60] 在野草莓植株的一生中，它们能够精明地在环境中找到需要的东西，并将线索串联起来，即使实验中用到的那些线索不可能在自然界中出现。

虽然有了这些新研究，但对于“植物学习”这一概念的反对仍很激烈。根据传统观念，只有动物会学习，植物只能在演化中适应。我们很乐意承认软体动物或鱼类可能会学习，对于植物却百般否定。在第二章提到的那篇《纽约客》文章里，迈克尔·波伦分享了他和植物生理学家林肯·泰兹的部分对话。泰兹在提到对含羞草及其习惯化的新近研究时坚称，用“习惯化”或“脱敏”（desensitization）这样的词语比说“学习”更为恰当。但是根据《企鹅心理学词典》的定义，“习惯化”指“在学习中逐渐放弃多余的活动”，它也指“一种非联想性学习，其间一个刺激重复出现，就造成既有的反应减退一些”。

我首先必须承认，支持植物学习的研究中确有一些漏洞。比如我们在 MINT 实验室的研究就没有复制出莫妮卡团队对巴甫洛夫式条件反射的成果，但对这一点我们还要继续研究。除了有莫妮卡等人的研究指出植物能进行巴甫洛夫式的条件反射之外，也有几项研究显示这种反射并不存在，或是结果还不明朗。[61] 最近又有人报告拟南芥在热应激时出现了条件反射，但这同样有待其他团队的独立验证。[62]

要稳健地训练植物并验证它们的学习并不容易，因为我们才刚刚开始理解它们的主观世界是什么样子。不仅如此，我们还看到，植物会被它们的环境深深塑造：在无菌的实验室环境里，我们真的能验出它们的本事吗？或许，我们应该设法在丰富的生态环境中开展这项研究，让植物在那里充分舒展自我。我们目前进行的研究中蕴含着非常激动人心的可能。

第二部

对植物智能的科学研究

告诉我星星为什么会闪烁

告诉我常青藤为什么会攀爬

——弗雷德 · 莫厄尔和罗伊 · L. 伯彻尔

《我为什么爱你》

第四章

Chapter Four

植物的神经系统

2018 年 6 月，我在纽约植物园门口排队买票。为了打发时间，我快速翻看了 J.C. 博斯爵士写的《植物的神经机制》(*The Nervous Mechanism of Plants*)，从那以后，这本书就始终如磁石般吸引着我。其中的一句话令我尤其关注："在植物体内观察不到任何形式的神经节，但是将来的某一天，那些生理学事实得到组织学的验证也不是没有可能的。"[1]

我手捧着书本，在缓缓前进的队伍中久久思索着植物和神经节的问题。博斯的话或许会在将来应验。[2] 确实，在植物体内观察不到任何如大脑一般的结构，但即使是在博斯写作的年代，关于植物体内的运作方式，植物学家也已经揭示出一些意料之外的事实了。这些事实还刺激了一些生物学家的想象。看来，植物的内部世界远比我们知道的要复杂，只是我们无法看见它罢了。最终，植物科学能否在植物体内发现一套类似于动物神经系统的体系？植物没有灰质，那么它们是否有着自己的"绿质"？

当我经过售票处走进植物园并向内张望时，我简直不相信自己交了这样的好运：有一位策展人策划了一场规模不大却璀璨如珠宝一般的展览，名叫"夏威夷风景"(Visions of Hawai'i)，里面的展品全是关于夏威夷群岛风光和植物的画作，创作者是美国现代派画家乔治亚·欧姬芙。有一幅名叫《番木瓜树》(*Papaya Tree*)的作品立刻吸引了我的注意。[3] 我刚刚在博斯的书里看到一张显微照片，拍的正是番木瓜的主茎。它显示了管状“维管”（vascular）组织，它们将水分和富含营养的树汁输送到植物全身。我还在那页上贴了一张便笺。眼前的画作似乎为我从手上书本里吸收的概念赋予了生命，使它们在我的想象中活了起来。看着画作，我仿佛正在透视树的组织，由管道构成的细致网络在树干中上下贯穿，这可能就是博斯所说的植物体内的通信系统的基础，并且如他所写，“这个神经系统让植物能像一个有机整体一般行动”。那一刻，我的眼前既有这个“有机整体”的微观细节，又有着对它的惊人笔触描绘。我看到了在环境中蓬勃生长的植物，也理解了使它蓬勃生长的生理学奥秘。

对于缺乏神经的生物，谈论其神经系统似乎是走上了歧路。但是我们很早以前就知道，植物可以在其组织内部传输电信号。甚至在 150 年前，达尔文就已经怀疑像捕蝇草这样的肉食性植物的反应背后存在某种电化学信号的沟通了，他还将捕蝇草称为“最像动物的植物”。[4] 他自己没法在植物体内测定电流，于是将这个洞见告诉了伦敦大学学院的生理学家约翰·伯登-桑德森爵士（Sir John Burdon-Sanderson），后者果然在树叶的上下表面之间测出了电压差。再到后来的 20 世纪 30 年代，研究者又在轮藻（*Chara*）和丽藻（*Nitella*）的巨大细胞中插入电极，揭示了这种细胞兴奋性的由来，并首次记录到了类似神经的电脉冲。[5] 博斯还详细探索了植物的电生理学，特别将含羞草作为研究对象。他指出，一道电脉冲会通过“兴奋的传递”引起叶片收拢。这类研究显示，我们必须认真地将电传导过程（与动物体内的相似）视作植物体内信号传输的基础之一，并且它最终也是植物适应性行为反应的基础。

如今，要展示植物体内的电活动已经非常容易了。在一株捕蝇草的叶子表面抹一点导电胶，再用一只电极测量它表面的电压变化，你会发现只要抚弄捕蝇草表面的感觉纤毛，就会使它产生一个电信号，这个脉冲会很快传遍整株捕蝇草，使之闭合。① 不过，电信号也不只是那些能做出快速惊

① 给自己买一株捕蝇草、几根电极线和一只放大器。下载一个波峰记录软件（Backyard Brains 就可以，网址为 https://backyardbrains.com）。在捕蝇草的外表面和电线之间抹一点导电胶。在反复刺激之后，一道电脉冲就会传遍捕蝇草全身，令它关闭。你可以在屏幕上看到整个过程。

人动作的植物才有的，而是几乎哪里都能看到。但凡植物都会用这种方式调节自身的生理过程。光线、重力和触碰都可能引出电反应，还有温度、水源或盐胁迫①的突然变化。病原体、杀虫剂和其他化学物质，或者切割、受伤和火烧，也都能让一株植物放电。动物的撕咬，或是摘掉植物的叶片或果实，也有这个效果。即便只是有授粉昆虫落到一朵木槿花上，这种授粉的亲密举动也会引发信号，从而加快位于花朵底部的子房的呼吸速度。[6]

图 4–1　捕蝇草

一说起生物的电传导，我们想到的总是动物的快速神经传输，但其实植物也为自己独特的目的演化出了导电装置。它们会利用特定类型的联网细胞传送信号，从而协调全身的各个系统。而我们却因为它不是发生在神经之间就不愿正视这种传送，这显示了我们在观念上的狭隘。如果我们回

① 盐胁迫，植物由于生长在高盐度生境而受到的高渗透势的影响。——编者注

到基本概念，想想神经元究竟做了什么，我们会发现它们只是在生产和传送电荷。它们通过电荷的尖峰，也就是在细胞内和细胞间发放并传递的动作电位来与彼此交谈。而根据《牛津英文词典》，形成动作电位的是“一个脉冲在细胞膜上通过时的电位变化”。细胞膜上电压变化的运动才是神经交流的实质。而我们很久以前就知道，这种变化并不是神经系统独有的属性，就算在动物中间也不是。比如动物的肌肉细胞就能将电波传送到整个器官。你可以将心脏的收缩想成是一道电脉冲在你的心肌组织中通过。因此，绝不能仅仅因为植物缺乏神经元就否认它们会使用电信号。

植物细胞缺乏动物用来传输电脉冲的那种神经元结构。那么，信息又是如何从植物体内的一个细胞传送给另外一个细胞的呢？虽然没有神经，但电信号仍可以通过维管系统（vascular system）来传递，这是一个由一束束管道组成的输送网络，从根延伸到芽。这个系统由两类容器构成：一是木质部，负责将植物中的水分向上输送；二是韧皮部，负责运送像糖这样的溶解物质。你可以将维管系统想象成动物的神经系统，是短距离或长距离运送电信号的一条高速公路。就像动物的神经如同传导电信号的电线，维管系统也仿佛一根绿色的电缆，它以电信号的形式将消息传遍植物全身，以达到控制和协调植物各种功能的目的。[7]

和动物的神经一样，植物电路也依靠各种放电事件运行，动作电位就是其中的一种。但是一般来说，植物的动作电位是很少有人提的，即便是林肯·泰兹和爱德华多·蔡格（Eduardo Zeiger）的经典著作《植物生理学》（*Plant Physiology*），虽然学生和研究者都拿它作为参考，其中也没有写到这个概念。然而今天我们已经知道，植物的动作电位在传导方式上和动物相差无几，也会沿着维管系统传输很远的距离。[8] 早在 1963 年，就有报道说南瓜会发出电压尖峰。[9] 这些信号让植物得以收集信息，协调各种结构，从而达到智能的目标。植物的“神经”系统是一个完整可激发的网络，由大量不规则分布的交联串接而成。博斯辨认了多达二十层的维管组织，它们如俄罗斯套娃一般层层嵌套。茎内的各层径向连接，形成了博斯在番木瓜中观察到的“复杂网状结构”——其中也包含乔治亚·欧姬芙的模型。

虽然植物的维管束和动物的神经都会传导电信号，但动物神经系统对信号的组织方式毕竟与植物不同。它们演化出来是为了协调自由移动的行为，将信号从 A 点精确、有针对性地传送至 B 点。植物也要调节自身的行为以应对各种信号，比如食草动物的攻击、光照和温度的变化、机械刺激或盐胁迫，以及其他林林总总。但植物的行为通常较为缓慢，也更加笼统。比如它们会造成光合作用或呼吸的变化，或者改变基因的表达。那么撇开差异不谈，一株番木瓜的高度分支化、容易兴奋的类神经系统，在功能上是否相当于一个分层但是离散的大脑？眼下我们还无法回答这个问题，但这是一种很令人激动的可能。[10]

绿色的神经化学物质

关于内部信号传输的最初起源，演化给我们留了一条相当可观的线索，它深埋在植物和动物双方的演化史中。早在动物演化出任何“神经”结构之前，细胞间的信号传输就已经在最早的多细胞生物体内出现了。由此也产生了令人惊讶的能力。比如由一群异源生物组成的黏菌（slime moulds），以前被看作真菌，现在则独自构成原生生物界。它们又被称作“团块”（blob），因为它们会形成大型细胞，有许多细胞核，具备多种能力，从走迷宫到算算术，它们都能完成。它们还能记住分子喜欢什么、不喜欢什么，因为融合到一起的黏菌个体会相互交流。[11] 如果连单细胞生物都需要交流，那么到了多细胞生物阶段，要想有效分工或是对环境做出集体反应，这种交流就只能快速升级了。不仅如此，许多参与这类细胞对话的信号分子至今仍留在植物和动物体内，那是从它们的共同祖先体内细胞之间的早期互动中继承下来的。

那些关键的化学信号和电信号存在于一切生物体内，它们引导着一棵橡树的生长，让含羞草卷起叶片，使水母的外层能够有节奏地收缩（这种动物连神经系统也没有），使猎豹能够惊人地冲刺并成为陆地上跑得最快的哺乳动物。植物和动物细胞不仅有着共同的祖先，有许多相似的结构，用相同的机制表达基因，并有着相似的新陈代谢，它们还说着相同的语言。这说来也不奇怪。如果电信号快速而远距离传播的性质值得动物投入能量，那为什么对植物来说就不值得呢？如果它不值得，那它早就会被视作演化上的累赘，被从植物的细胞储备中剔除了：电信号在生物学上并不便宜，只有能在演化史上做出有益的贡献，使用电信号的组织才会被保留下来。我们明白这个道理，却还不甘心地摆弄标签，好不把“神经生物学”的名称用于植物。在动物的神经元之间传导电信号的化学物质叫作“神经递质”，到了植物体内却被称为“生物介体”（biomediators）。然而在植物体内找到的乙酰胆碱、儿茶酚胺、组胺、血清素、多巴胺、褪黑素、谷氨酸和 GABA，和动物生产的分子并无不同。[12]

比如 GABA，目前被认为是动物神经系统的一个关键成分。GABA 分子是一种氨基酸，能降低神经元细胞膜的感受力，使它们不容易被电信号激发。它在 20 世纪 50 年代被纳入了公认的动物生化工厂，当时人们发现 GABA 在哺乳动物和螯虾的大脑中发挥关键作用。然而在那之前，GABA 并不被看作一种“动物”分子，它在 1883 年首次由人工合成，当时还被认为是植物和真菌的一种代谢产物。动物研究的重点是 GABA 对神经元的作用，而植物研究主要关注它的代谢功能（比如对 pH 值的调节）。好在 GABA 在植物信号传导方面的重要作用也在过去二十年间引起了相当大的兴趣。[13] 实际上，科学家在植物体内也发现了 GABA 受体，证明它在那里也有传导信号的功能：植物不仅会制造这种分子，植物细胞还能觉察到它并受它的影响。GABA 的一个功能正在为人所了解，那就是激起植物对昆虫和其他伤害的快速防御。[14]GABA 不仅在植物体内产生，而且无疑在植物体内发挥着功能。有的植物生理学家仍坚称“没有证据表明 GABA 在植物中具有信号传输分子的功能”。[15] 但这种坚持并不能改变分子层面的现实。

还有一种分子，不仅对动物的记忆形成十分重要，也会在植物叶子受伤时发挥特殊功能。谷氨酸是像 GABA 一样的氨基酸，并且我们早就知道植物也会产生这种物质。但在 2018 年，威斯康星大学麦迪逊分校的西蒙·吉尔罗伊（Simon Gilroy）领导的一支团队首次揭示了谷氨酸对于植物是何等重要。[16] 他们改造了一种拟南芥的基因，使其具有了一种特殊分子，每当细胞中的钙浓度上升就发出明亮的闪光。当他们用刀片划伤这些植物，他们看到伤口处发出了一波波涟漪似的闪光，显示钙质正流动到没有受伤的区域。进一步调查发现，这是谷氨酸在起作用，它刺激了一波以钙为基础的电活动，通知细胞进入防御模式。看来这种“哺乳类”的神经递质也会在植物体内快速传导遇险信号，这与神经递质在动物体内的作用并无不同。不仅如此，动物体内为谷氨酸受体编码的基因，也和植物体内的极为相似：这样的基因拟南芥有二十个。谷氨酸或许还参与了其他活动，像是形成对光线的反应，指导根的生长，以及感知土壤中的氮。[17] 无论在动物还是植物体内，像 GABA 和谷氨酸这样的分子都发挥着信号作用，指导细胞该做什么、如何生长发育。这一点对植物的行为尤其重要，因为植物行为的基础就是细胞的生长和发育。[18]

我们已经有点理解植物中的电信号基础了，那么前一章里，我们在莫妮卡·加利亚诺的豌豆中看到的学习潜力又该怎么说呢？对于动物，我们很早就知道两个刺激可以相互关联，使得其中的一个引出某种反应，而那个反应原本只有另一个刺激才能产生，这个过程就叫“经典条件反射”。直到最近，我们才知道了动物体内经典条件反射的神经基础是什么。2020 年，弗兰德斯生物技术研究所（Flanders Institute for Biotechnology）的塞巴斯蒂安·埃斯莱（Sebastian Haesler）领导的一支团队发现，在小鼠进食时给予一个全新刺激（在他们的实验中是一种新的气味），它们就会迅速将这种气味和食物关联起来，速度超过它们已经习惯的另外一种气味。研究者猜测，是这种新鲜的气味激活了小鼠的多巴胺系统，这个系统还会在我们看到社交媒体应用上的通知时激活，将我们牢牢钉在手机前面。而如果对小鼠使用多巴胺阻断剂，新气味对学习速度的效果就会变得和习惯的旧气味一样缓慢了。其他研究者还发现，在受到多种刺激时的投射神经元行为会渐渐变得更加有序和同步。也就是说，这些刺激在神经层面上变得互相关联了。所谓的“巴甫洛夫式反应”，其本质或许就是多巴胺和神经元的协同反应。[19]

我们在动物身上获得的这种较为充分的理解，或许也能在我们研究植物如何学习时指明几条探索的道路。植物体内发现的多巴胺浓度相当高。如果回顾一下莫妮卡·加利亚诺的那个豌豆走分岔迷宫的实验，我们另外还可以开展一个思想实验。如果说神经元在受到感觉刺激时，会在多巴胺的激发之下同步发放，由此塑造动物的学习，那么同样的原理是否也适用于植物？如果植物也会在受到感觉刺激时发送电信号，那么或许它们体内也会产生协同反应、促使它们学习？既然莫妮卡使用的蓝光和空气运动能够激发她的豌豆植株同时发送信号，或许豌豆植株还能学会只对空气做出反应，往特定的方向生长？[20] 莫妮卡的结果没被复制出来，但是这个研究领域之所以如此激动人心，恰恰是因为它提出了许多还没有答案的问题。它在暗示我们，如果放弃动物中心主义的生物观，将会获得什么样的启示。

神经论战

几十年来，植物是否有“神经系统”的问题一直在引发激烈争论。这场争论有着学术圈才有的克制低调。但是当我自己在多年之前卷入其中时，它的激烈程度却令我吃惊。我的一次关键体验发生在一个十一月的日子，当时天气寒冷灰暗，我乘火车从爱丁堡出发，到格拉斯哥大学同一位著名植物生理学家会面。我大概早到了一个小时，借此机会在校园闲逛了一阵，沿途经过哲学学院几座精美的中世纪塔尖。我很熟悉它们——许多年前，我就是在那里拿到学位的。这座中世纪建筑的对面就是植物生理学楼，双方几乎是一墙之隔。记得读书时的一个冬天，我隔着窗子望向不远处的研究俱乐部（Research Club），研究生常在那里碰头，喝喝啤酒，随便讨论几句。那时下着大雪，我惊叹着这番景色。我在地中海边长大，以前从没见到过雪。我当时怎么也想不到，二十五年之后，我竟会来到短短几米之外的那间实验室。

上火车来格拉斯哥之前，我认真考虑了我要说些什么。我们将会讨论近来关于植物神经系统的争议。我的谈话对象是个百分之百的生理学家，坚持要将植物还原成它们的分子和结构属性。他很不愿意考虑植物的行为，更不能接受植物心理学的概念，但我仍希望能设法与他开展一场富有成效的对话。关于这个问题的学术论战已经打了十年，哪一派都拒绝从各自的知识立场上撤退。我的主要目的是向他展示，由于学哲学出身，没受过植物科学家的训练，我和我的同事或许反而能带来一条新的思路，用不同专业的融合打破知识立场上的胶着状态。或许，我们可以放开心态调和不同阵营，带着新的活力一起探索这个领域。这个世界上，有一股越来越大的压力正迫使科学家专注于越来越窄的课题，受困于有限的观察和思考方式，有鉴于此，我感觉很有必要架设这样的桥梁。我自己就是学术上的混血儿，我深深体会到那种过于狭窄、如激光般明确的视野会提早扼杀丰富的可能。

可惜的是，我们最后并没有架起我所希望的那些桥梁。那次会面后不久，一群顶尖植物生理学家就发表了一篇论文攻击我们的研究，就连学术刊物中常见的礼貌都懒得装了。他们写道，“关于植物意识的可疑观念会祸害这个科学分支”并“在年轻并怀有抱负的植物学家心里滋生错误观念”。他们似乎认为，我们不仅是错的，还很危险，我们是一群“连环空想犯”，试图从内部破坏可敬的科学。他们敦促拨款机构回绝我们的申请，敦促期刊拒登我们的文章，从而使我们“丰富的猜测和臆想”远离科学论述。[21]

这些植物生理学家对我们的诋毁令人深感讽刺。就在两百年前，他们自己的学科还被认为是有点可笑的。直到1856年，植物学家尤利乌斯·萨克斯（Julius Sachs）才在布拉格大学首先关注起植物生理学，之后再过60年，这个领域才被视为一门科学，而不是一种无聊的空想。但是，要是我和同事们认为，公开诽谤并号召出版商及资助者封杀我们就是最坏的手段，我们就错了。在第一篇批评我们的论文刊出之后，几乎紧接着第二篇又发表了。[22]它的主题是一种影响植物“生理、发育和适应性反应”的“远距离电压信号”。简单来说，它谈到了植物的一种电信号系统，用的却是忸怩的生理学术语，它没有承认自己描述的是一种“类神经系统”，更不会提到植物的行为或智力。那些人把我们的想法硬塞进了他们自己关于植物生理学的还原论结构之中，并且重新打响了几十年前的那场地盘争夺战。

何必看重名字？

某些学术圈子对“植物神经生物学”这样的名称深感恐惧，这或许是知识界愈加原子化的一个病征。意思只能有狭窄的定义，概念只能在特定空间中做特定使用，不得拿到外面去交流。这是很令人担忧的，因为回顾科学的历史，我们就会发现一些最聪明的想法就脱胎于将不同的观念相互连接，用新的观点看待老的问题，并且在不同的思维方式之间建立联系。我们从事的是增进对生物的理解的复杂项目，要是对标签过分纠结，再给自己套上历史偏见的枷锁，结果可能会弊大于利。毕竟就像诺贝尔奖得主理查德·费曼（Richard Feynman）所说：“如果我们想解决一个之前始终没有解决的问题，就必须给通向未知的门留一条缝。”

对语意的执着根深蒂固。许多研究植物智能的科学家，虽然思想较为开放，却仍不愿和“植物神经生物学”有什么瓜葛。植物生态学家阿里埃勒·诺沃普兰斯基的一些工作是我研究的出发点，但就连他也这样告诉我们：

> 虽然这是一个有趣的术语（植物神经生物学），很能激发思想，但它并非基于可靠的事实，也未必有助于我们推进科学研究。正相反，植物和其他“低等”生物的美妙在于，它们无需任何以神经为基础的系统就能做到许多事情。[23]

同样，在一次接受《科学美国人》（*Scientific American*）的访问时，畅销书《植物知道生命的答案》（*What a Plant Knows*）的作者、植物遗传学家丹尼尔·查莫维茨（Daniel Chamovitz）①也说道：

> 说一句得罪好朋友的话，我认为“植物神经生物学”这个术语就好像

①查莫维茨当年是特拉维夫大学生命科学院的院长，如今是本·古里安大学校长。

"人类花朵生物学"一样可笑。植物没有神经元，就像人类不会开花！[24]

即使在植物神经生物学学会内部也充满争议。2007年5月，学会在斯洛伐克上塔特拉山脉深处的什特尔布斯凯普莱索召开了第三届会议。那也是我参加的第一届会议，因此我迫不及待地想听听这个新兴领域的进展，我刚在前一年读了由弗兰蒂泽克·鲍卢什考、斯蒂法诺·曼库索和迪特尔·福尔克曼选编的《植物的交流：植物生命的神经元方面》(*Communication in Plants: Neuronal Aspects of Plant Life*)，接着这个领域就占据了我的全部想象。会议的最后一天有一场讨论，焦点是"植物神经生物学"这个术语的用法。与会者纷纷发言，有坚定的支持者也有激烈的贬低者，和解的希望十分渺茫。学会指导委员会的主席、来自西雅图华盛顿大学的伊丽莎白·凡·沃肯伯格(Elizabeth Van Volkenburgh)① 这样回忆道：

把"植物神经生物学"作为我们研究方向的名称固然启迪思想、激动人心，然而出于许多科学上的原因，这个名称也会激起争议并造成分裂。起初组委会决定保留它……但事实证明，"植物神经生物学"的说法实在会将人引上歧途……学会成员于是决定……在2009年将本领域改成与下属期刊同名，即"植物信号及行为学"(Plant Signaling and Behavior)。[25]

看来争议结束了[26]

在2018年为《自然-植物》(*Nature Plants*)杂志写的一篇评论里，查莫维茨对植物智能的意见体现了学界的正统态度。在承认"植物会综合许多外界信号以应对环境、提高适应性"之后，查莫维茨接着写道："那么这

① 她也是植物神经生物学学会/植物信号及行为学学会的创立者。

可以证明植物有智能吗？就要看你说的‘智能’是什么意思了。”可是，对植物智能下一个一成不变的定义，又有什么实际的好处呢？其他学科的进步方式已经证明，任何锚定定义的尝试都是无效的。比如生物学家始终没有对“生命”是什么达成共识，却也照样能进行研究。[27]“智能”为什么就不可以呢？换句话说，我们愿意对动物智能的研究也采取这么苛刻的标准吗？要是有人主张，因为历来没有对动物智能给出明确定义，我们必须暂停对动物智能的研究，直到得出一个公认的定义再继续，他一定会被众人嘲笑。科学不是这么运行的。

虽然纠结于标签无助于研究，但我们命名事物的方式又确实重要。名称自带一张理解的网络，它们将事物以特定方式组织起来，引导我们对事物的思考。在描述植物细胞的化学活动和电活动的生理学时，你可以采用一种宽泛的、隐喻性的方式，使用“神经生物学”这样的名词。你也可以从更加字面的意义上理解植物神经生物学的概念，关注这些过程对植物这种生物有机体发挥的作用，也就是电信号对植物体内信息的综合。我的主张是不要把“神经生物学”一词和神经元绑得太紧，那样就会因为动物和植物的信号传输系统没有相同的结构，而忽略两者的相似功能。那样也难免会错失和“植物神经生物学”正面相遇时所产生的那些有力观点。

有一个办法，可以让你既谈论生物体的神经生物学，又不至于因为没有提到神经元而焦虑，那就是修改“神经生物学”的定义，使其更加包容。有一位著名的神经科学家已经这么做了，他就是纽约大学医学院的鲁道夫·利纳斯（Rodolfo Llinás）。他和西班牙的计算机科学家米格尔-托梅（Miguel-Tomé）共同提出了一个主张：虽然“植物神经生物学”不等同于“动物神经生物学”，我们仍可以“扩展神经系统的定义”，使其“将功能作为评判标准”。[28]换言之，我们可以用一个系统能做什么来定义它是不是神经系统，而不是只看这些功能由哪些细胞和组织来实现。我们不必把植物说成绿色的动物，也能使用“神经系统”这几个字。

看一眼动物和植物兼有的其他关键功能，就能明白这个观点是什么意思了。动物的功能是用一套套专门的组织、器官或系统来架构的。我们有一套呼吸系统用来吸进氧气、排出二氧化碳，一套消化系统用来摄入水和养料，一套循环系统将重要物质输送到全身，还有一套神经系统实现迅速的电信号交流。植物也有同样的功能，但这些功能对应另外一种物质架构，相对更加分散。植物通过叶子上的小孔交换气体，用叶子吸收太阳能并创造富含能量的分子，它们的维管组织负责将糖分、水和养分输送到全身。

而这场争论的焦点，即“植物神经系统”，就比较难以捉摸了。但是就连生理学家也得承认，植物除了有许多不同种类的感受器用来收集内外环境的信息之外，它们浑身上下还有一张电信号加工网络。我们还看到，新近的研究用清晰的证据指出，植物的维管系统不单是一套输送糖和其他分子的管道。[29] 近来有人详细研究了植物的“神经化学”，包括 GABA、谷氨酸和其他分子，这些零碎成果将会拼接出一个完整的奇迹。一幅图画正在浮现，虽然尚不完整，但已十分有说服力。动物神经系统能整合外界进来的信息，并在体内引发协同反应。同样的功能似乎“植物神经系统”也有。[30] 木质部和韧皮部这些束状的维管组织并非神经元，但它们有着和神经元类似的特征。我们既可以主动发现这一点，探索其中的全部可能，也可以视而不见，守在僵化的历史范式里就词语的意思争论不休。

与众不同的思考

“在科学界，知道自己在做什么，就说明你不在前沿。如果真在前沿，你根本不会知道自己在做什么。”[31]

2009 年在哥伦比亚大学接受采访时，诺贝尔奖得主、X 射线晶体学家理查德·阿克塞尔（Richard Axel）这样总结了为什么科学探索中需要勇敢。只有让思想摆脱束缚、透过文字、突破天际，我们才能逃出既有思路的限制，对自己的世界观做出重要革新。因此，我在思考的时候力争做一名另类分子（maverick）。这个单词有其历史渊源：有一位塞缪尔·A. 马弗里克（Samuel A. Maverick）是得克萨斯州的工程师和牧场主，不像 19 世纪康涅狄格州的大多数牧场主，他从不给自己的牛群打烙印。因为这位观念自由的主人，这些动物也跟着被叫作了“马弗里克牛”。我不敢说自己的心智有这么独立——像博斯那样的人更有这个资格，但是在探索科学知识的新疆域时，这肯定是值得追求的境界。

作为理解生物的一种方法，纯粹的还原主义生物学价值巨大，但它显然也有其局限性。匈牙利生物化学家、诺贝尔奖得主奥尔贝特·圣-捷尔吉（Albert Szent-Györgyi）很好地解释了其中的原委。他打了个比方：如果将一部发电机拿给不同领域的科学家看，他们会从各种受局限的角度去分析它。一位化学家或许会把它泡进酸液，溶解为构成它的分子；一位分子生物学家会将它拆开，详细描述其各个成分。但你要是提出，这部发电机里流淌着一种“名为电的不可见流体”，并且一旦拆开它就不再流动，他们可能就会“骂你是生机论者”。圣-捷尔吉强调，那比“FBI 特工说你是共产党员还要可怕”——在他写作的年代，那是一项非同小可的指责。[32]

我们不能把植物还原为纯机械的物体。虽然将生物过程还原为纯粹的物质很令人安心，但智力不会在生理结构中显现。比如，将有机过程类比成无机物，或许能更好地理解这些过程的复杂性。将活物的世界机械化，好像也比较容易理解它。我们可以把眼睛看作相机，把神经看作电路，把植物的韧皮部系统看作一连串管道。但实际上，它们绝不是那些东西。这些形象可以作为我们理解它们的捷径：将事物变得更容易想象，应付和研究它们也就会更容易。但那也可能将我们困在一种还原式的思考方式之中。我们要警惕，不能忽略那些无法轻易看见的东西。

因此，要充分理解植物的习性，就不能将自己限制在某一学科内部。生理学需要心理学。正如美国著名心理学家爱德华·C. 托尔曼（Edward C. Tolman）在 20 世纪中叶所写的那样：“要用生理学来解释心理现象，首先必须有一个心理现象需要得到解释。”[33] 植物神经生物学目前的一个假说是，植物体内的信息综合与传输部分要用到类似神经元的过程。电信号很可能对植物身体的整合起到作用，将认知与行为关联，因此要理解植物就不能忽视电信号。生理与行为是无法拆分的，两者在所有生物体中都彼此影响，植物也不例外。细胞和信号促成了行为，而行为的适应性价值又是细胞和信号演化成它们现在这样子的原因。[34] 分别研究这两个方面的学科，为什么就不能合作互补，运用两种理论框架的力量，对生理机制和行为效应做出完整的理解？[35] 我们必须放下对“植物神经生物学”是否成立的烦人争论，以开放的心态透过不同学科的协作重新看待这一问题。

在这些跨学科概念中居于中心的，肯定是认知神经科学。这门学科连通了质料与功能，在看待神经系统的重要结构和信号时，它着眼的是它们与认知活动的关系。它本身就是一个跨领域学科，吸收了许多不同派别的思想。即便我们在建构植物生理学时参考了植物在与环境互动中的作用，比如在受到寒冷或猎食者威胁时的应激反应，我们仍无法了解事情的全貌。我们研究生理学当然不能不考虑生态学，但是将自己局限在这类联系中的话，仍旧无法突破我们讨论过的适应性的范围。那会将我们观察到的一切都强塞进一个膝跳反应的盒子里，使我们无力思考植物在哪些地方做了选择。如果我们的思维能够脱离陈套，超越神经和韧皮部的差别，转而研究生物的智能*信息加工*，一个全新的认知世界就会向我们打开。

理查德·费曼说过，“科学就是相信专家的无知”，意思是盲目地接受过去的主流观念是危险的。科学告诉我们，既有的观念可以也应该被不断颠覆，在这一点上科学超过人类的任何思想领域。我们已经看到，关于自然界的陈旧观念蒙住了我们的眼睛，使我们无法用新的眼光理解与动物相差甚远的生物——尤其是植物。但实际的问题可能比这更糟。2014 年，有三十位科学家在《卫报》上发表了一封公开信。在信中他们对科学文化的前进方向深表担忧：他们认为科学家的眼光变得狭窄和唯利是图，只一味关心快速发表成果。像费曼这样的独立思想家曾经为 20 世纪科学带来巨大革新，但是他们在创造重大概念时所表现的那种不拘传统的原创性智慧，现在已经没有多少空间可以露头了。眼下或许应该在科学中再次注入一点与众不同的思考方式，并且不独是在植物神经生物学领域。

第五章

Chapter Five

植物会思考吗？

眼见为实

就算对艺术一无所知，你肯定也听说过《蒙娜丽莎》。她端坐在巴黎的卢浮宫里，对凑近了细看她的游客露出神秘微笑。这幅由多面手列奥纳多·达·芬奇绘于16世纪初的肖像，无疑是文艺复兴时期的一件艺术杰作。不过，令蒙娜丽莎如此著名和迷人的，并不完全是她栩栩如生的外表或者美学品质。“蒙娜丽莎的微笑”几百年来一直吸引着人们，部分原因是我们也不能确定她究竟在做什么表情。她的微笑是艺术史上被讨论最多的话题之一：她暗示了什么，又没有说明。这股神秘中透露了我们认识周围世界的某种根本方式，它也告诉了我们其他生物可能是如何感知世界的。

这种模糊性不仅体现在肖像本身。究竟是把她看作庄严的、幸福的、惆怅的、沉思的还是别的什么，很大程度取决于观看她的人在与画作的互动中带入了什么。面对她，我们看见了自己想看到的东西。因为根据我们对认知的研究，我们如何解读一张面孔，极大地取决于我们观看它时的感受。给实验被试者看一张完全中性的面孔，同时呈现一些提高情绪的图像，被试者就更容易觉得那是一张快乐的面孔。同样一张面孔，边上附几张扫兴的图像，被试者就会更容易觉得它在怒视。[1] 自身的情绪状态决定了我们会在周围人身上读出怎样的情绪，就算那些人其实并未流露任何情绪。蒙娜丽莎向观看者抛出了一个关于他们自身的问题。达·芬奇的技艺精微奥妙，故意没有回答这个问题，因此她才能像斯芬克斯一般，对所有人都是一个谜。观看者能体验到多少种情绪，她似乎就表达了多少种。

这个效应不局限于短暂的情绪，也延伸到了世间的其他具体事物当中。我们如何解释环境，部分受制于对自己将会遭遇什么的预期。我们在本书的这几页里就可以验证这个理论。看看下面这张罗纳德·C. 詹姆斯（Ronald C. James）拍摄的著名相片（图 5–1）。[2] 试着从里面看出一个形象来。它起初似乎只是一堆散乱的黑白色笔触，无论你怎么努力也看不出头绪来。但是接着再看看相片中央稍微偏上的位置，你是否看到了那只斑点狗，口鼻朝下，屁股正对着你？

一旦在看似随机的黑色墨迹中发现了这只斑点狗，大脑对这张相片的理解就会彻底改变。它现在知道里面有一只狗了，接着它便会主动寻觅，只要发现一点点犬类体形的迹象，就能再次知觉到它。甚至，你现在想看不见它也做不到了。相片中的随机性已经消失：秩序一经建立，你的大脑就会抓住它不放。

图 5–1　R. C. 詹姆斯拍摄的斑点狗

这类实验感觉像眼睛在耍花招，像某种逆向的罗夏墨迹测试，隐藏的图形延伸进了知觉。但实际恰恰相反。它显示的是我们解读感官数据的内在机制。是对斑点狗的期待让大脑做好了准备，使我们在之前显得没有意义的黑点中看出了它。其实我们并不像自己想象的那样，只是从一连串感觉输入中形成被动的印象。知觉不是由数据带动的。[3] 我们的大脑并不是无所事事地瘫坐，干等着处理从外界输入的信息。如果它真是那样，那么即使知道了图像中有一只狗也不会影响我们对图像的解释。相反，我们的知觉明显受到预期的带动：我们的预测会影响我们的体验。大脑时刻预测着将会遭遇的事物，乃至会决定遭遇的性质。这个观点或许会令你有些不安。大部分人都愿意承认，我们对抽象事物的理解可能受到自身偏见和意见的左右。但是要说连我们对具体世界的知觉，乃至我们看见的，可能也不等同于真实存在的东西，甚至不同于对感觉输入的初步解读，那就有点违反常识了。实际上，我们对世界的体验，要远比我们认为的更加个性化。

这种将成见带入认知的做法或许并非人类独有。2021 年，耶鲁大学的一组科学家研究了小鼠幼崽的脑波，它们刚刚出生不久时没有视力和毛发，随后眼睛才睁开。当这些幼崽的眼睛上还蒙着一层膜状皮肤时，它们的视网膜上就涌起了一波波电活动。这是在模拟幼崽长大一些之后看着自己在环境中移动时的放电模式。也可以说，这些盲眼的小鼠是在梦中体验周围的世界的，虽然这时它们还没有真的看过这个世界。这些模式会在幼崽最终张开眼睛之后，被更加成熟的新回路所取代。但正因为有这些盲眼期的图像，年轻的小鼠才能对突然涌入的视觉信息展开分析，并且在更加独立之后落地奔跑。当研究者封堵了盲眼期幼崽网膜细胞的活动，等小鼠终于能看见时，它们会变得难以分析运动的影像，也难以在环境中移动。而如果没有被实验所篡改，这些小鼠幼崽就会进入一个它们业已想象过的世界，这个世界的代码已经编入了它们的视网膜和意识之中。[4]

既然一个内在模型是哺乳动物与世界交往的关键，那么其他种类的生物或许也是如此。我们在第四章已经看到，你不必具备一张神经元网络或是一个大脑才能拥有一套“神经系统”，因此一块新皮层或许也不是产生预期的必要条件。当一株豆科植物抛出鱼线似的卷须寻找支撑物时，它或许并不是在单纯地在收集信息并做出反应。这里头的活动可能要复杂得多。

狂野的思想家们

记不清多少年前，总之是 20 世纪 90 年代，我在格拉斯哥大学迎来了博士论文答辩会。虽然 Skype 和 Zoom 要再过很久才会出现，但我们的答辩已经在互联网上通过视频连接的方式进行了，这使得原本紧张的我更加恐惧。答辩委员中有一位安迪·克拉克，是一位富有创见的哲学家，那时已经成名。[5] 他有一篇论文的预印稿正四处流传，我的手上也有一份。那篇论文的另一位作者是哲学界的摇滚明星大卫·查默斯（David Chalmers），后来这篇论文变成了那十年中被引用最多的哲学论文。[6] 他们两人将我们的认知从颅骨的束缚中解放出来，将思维扩展到潜意识深处，也扩展到了我们周围的世界之中：我们与之互动的物品、我们遇见的其他心灵，都可以算作我们心灵的一部分了。在克拉克和查默斯看来，"认知"包含了我们用来思考的工具：纸和笔、文字处理机、计算器、美术用品——在我们的内部与外部世界、思考与行动之间，存在一个连续的环，其中的各个重要环节都是我们的思考工具。他们所描述的"自我"不再是孤立局限的，而是形成了一张网络，其中混合了神经元和其他物体，跨越了生命与非生命的界限。这个理论刚刚发表时曾引起一阵轰动。但是到了今天，当智能手机和其他延伸心智的技术在日常生活中变得不可或缺，安迪的观点也不那么奇怪了。[7] 我们将自己的记忆外包给了电子设备和互联网，依靠手机应用实现曾经由大脑承担的加工功能，比如把基础的算术交给手机上的计算器或是把认路的工作交给谷歌地图。我们的思维越来越多地涉及神经元和微处理器的电子活动。

我当时还不知道，二十年后，我将有机会与安迪共用一间办公室，那是 2016 至 2017 年间，我到爱丁堡去休学术假的时候。因为同处一室，我有幸深入他博大的心灵，探索了他关于延伸认知（extended cognition）的种种观点。我也有幸了解了他的那篇革命性论文是如何从这些观点中发展出来的，它们可以统称为“预测性加工”（predictive processing）。在论文中，他将大脑与世界互动的方式彻底颠倒了过来，他主张大脑不是信息的被动接受者，而是一部忙碌不休的“预测机器”，时时在对输入的体验开展预期。不像小鼠幼崽会梦见还未看见的东西，人脑是用过去的经历和感觉形成这些预测的，并在时间中不断修正它们。安迪主张，用已有的预测迎接输入的信息，能让大脑立刻明白自己在经历什么。这一过程称为“自上而下”的加工，它是大脑对经验的积极调动，不同于对感觉“自下而上”的消极反应。[8]

在前一章写到的格拉斯哥大学的会面结束之后，在返回爱丁堡的路上，我回想起我和安迪在共用的那间办公室里说过的话，意识到了我和这两位学者的交流是多么不同。我思索着怎样才能真正不羁地思考，让想象飞越到学科的狭隘规范之外。安迪的创造力不仅体现在他的学术论文里，也体现在他营造的环境中。在他的办公室里，除了有一大堆罕见的奇异物品之外，还有一样能完美诠释他那篇论文的东西。那是一张“空的脸”：一具凹陷而非凸出的三维面孔模型。我们的眼睛和大脑早已习惯了看见立体凸出的脸，这时迎面看见一张空的脸，就会对视觉距离产生一种彻底倒转的知觉：大脑预期的是一张凸出的脸，于是看见一张凹陷的脸时也把它解读成凸出的了。这是一种明显的视错觉，是在逗弄大脑的预期。当你移步到侧面观看，这张脸就变成了凹陷的。我在安迪身边工作时常常沉思这种错觉，我很喜欢让它一遍遍震撼我的视觉系统：换一个观察角度，原本凸出的面孔便蓦地缩了进去。渐渐地，我自己的思维也变得狂野了，我开始遐想：既然我们的大脑会对将要遭遇的对象加以预期，并因此有效地塑造了我们的体验，那么或许植物也有这个本领？为什么它们就不能运用自己的预期，以同样积极的方式塑造它们的知觉体验呢?

我把这个想法告诉了安迪，心说以他的激进想象力或许会喜欢的。他确实喜欢，但他并不认为自己是这个项目的合适伙伴。他研究的是人脑神经元线路的短暂产物，并不愿意冒险涉足植物神经系统的另类世界。他把我介绍给了伦敦大学学院的理论神经科学家卡尔·弗里斯顿（Karl Friston）。

图 5–2　让人产生视错觉的三维面孔模型

就如同安迪是世界上论文被引用最多的哲学家一样，弗里斯顿则是被引用最多的神经科学家——他也完全当得起。弗里斯顿给安迪用“预测性加工”来解释的生物学现象加上了一个数学的角度，描述了生物如何用预期来引导自身如何认知和怎么做。[9]他主张，当知觉输入与预期不符时，大脑就会感到“惊异”。这是一个用数学定义的概念，具体地说是一个与惊讶（遇到意外事件时你的体验）有着抽象关联的事件发生的概率。大脑不喜欢惊异，就像它不喜欢惊吓，因此它会尽可能减少对惊异的体验。

在弗里斯顿的著作中，大脑将错误预期减到最小的做法，衍生自他所说的“自由能原理”（free energy principle）。[10]大脑时刻在记录外界真实事物的样貌与自身模型之间的差异。这个差异越大，系统中的“自由能”就越多，而将它减至最少的方法，一是更换大脑从环境中采集的样本，二是修改大脑中的模型。将这两种方法结合并且左右切换，你就有了一台嗡嗡运转的预测机器，它既能以激光般的精确聚焦任何与模型不符的东西，又能用行动来调整它。为了清晰起见，我们可以在弗里斯顿的方法中，做出“主动推断”（active inference）与“知觉推断”（perceptual inference）的划分：要么你改变世界使其更接近你的模型（主动推断），要么你修改模型使之更接近世界（知觉推断）。最可能的情况是，你所做的一切都包含了这两种推断。

依照弗里斯顿的模型，我们可以说认知源自两股对冲信息流的谨慎汇合，一股从大脑流向感官，一股从感官流向大脑。由此生成的体验，就是在内部预期的驱使下，再输入修正性外部数据的结果。在我和弗里斯顿的讨论中，他对我的观点持开放态度，即植物体内或许也存在这两股信息流，植物可能也建立了对外部世界的内在模型，并在模型的引导下探索世界。令我高兴的是，我们终于还是有了密切合作的机会，在 2017 年共同发表了一篇题为《会预测的绿植（Predicting Green）》的论文，文中解释了为什么这些信息流和它们对植物行为的塑造可能使植物成为拥有认知能力的生物。[11]

应对意外

我们来做一个思想实验，比对自然界中的三种东西：一条丁鱥（一种淡水鱼）、一片雪花和一朵雏菊。其中哪一种和另外两种不同？淡水鱼和雏菊都是生物系统，而雪花不是。但说起来，丁鱥和雏菊到底有什么共性是雪花所没有的呢？答案就是内稳态（homeostasis），或者说是“相似的状态”。一条丁鱥和一朵雏菊都有调节内部环境的生理学能力，能在外部环境或内部机制发生变化、破坏稳定时做出反制。它们都能将自身的内部环境保持得较为稳定，虽然做不到绝对稳定。这种内部环境涉及几个方面，包括体温、含水量、pH 值或其他会影响生存系统的内部条件。与它们相比，雪花在气温升到冰点以上时会直接融化。更重要的是，雪花根本无法阻止自身融化。

图 5–3　丁鱥、雪花和雏菊

如果你是一条丁鱥，那么你维持内在平稳靠的是激素和神经的调控，它们使鱼类改变自己的生理和行为，从而抵御变化。如果你是一朵雏菊，那么激素和维管系统的“非神经元”活动将起到类似作用。总之，丁鱥和雏菊都会将自身保持在一个安全舒适的区间之内，以此避免可能对身体内部造成破坏的变化。说实在的，从这个角度看，一只动物和一株植物或别的生物之间，并没有截然不同的分别。雏菊和丁鱥都会利用以往的数据理解它们各自的环境以及在它们周围发生的事件。它们用这些数据树立预期，推测未来的环境将会如何，并采取相应行动以避开危险或压力太大的环境。植物和动物都能为世界建立模型，用来理解输入的数据并引导自身使用这些数据，我们可以认为，在这方面它们是一样的。

如果一条丁鱥想要传下基因，那么它最好避免对它的预期而言属于意外的状况。对于这种淡水鱼，意外状况包括太干或是太咸以至于它无法生存的状态。丁鱥会尝试理解周围环境并采取相应行动，从而将意外状况减到最少。将这种可怜的淡水鱼放进咸水，它会怎么做？它或许会游回淡水，一边游动一边在环境中重新采样，并希望将来的输入会符合它的预期、满足身体的需求。用弗里斯顿的话说，这条鱼会做出主动推断。或者，这条鱼也可以修正它的“世界模型”，更改那些与周围世界的状态不再符合的内部状态，比如用某种法子抵御或是承受过高盐度的侵犯。然而，这样的知觉推断在这一威胁生命的环境中多半是无法做到的。那需要的是演化尺度上的改变，单凭一条鱼可没有这个能耐。

在躲避盐分方面，植物和淡水鱼并无不同。土壤中含量过高的盐分会对根系产生强大压力，干扰植物的蛋白合成和许多其他关键过程。因此植物会尽其所能避免盐胁迫。大部分植物会努力躲开高盐环境，选择符合内部模型、使它们能够愉快生存的地方扎根。它们会尽量使预期与环境相称。特别是根系，常常会做出躲避盐分的行为，这与豆科植物的觅食根在遇到营养土时的反应刚好相反。当细细的根尖冒险进入未经探索的土地，它们会记下一路上的盐梯度，并且沿着盐分降低的方向移动，这样就可能找到适合生存的新土壤了。这个梯度很重要：根系会被盐分降低的趋势所吸引，因为这说明前方有更好的东西；盐分的绝对差异相比之下没有多少吸引力，因为那只说明这块土地暂时可以落脚。要是往某个方向探索的根系遇到的只有盐分增高的基质，它就会始终处于惊异的高位。这时植物会明白自己走错了地方。它会放弃这个方向上的探索，转而到其他路线上去寻找盐分较低的乐园。[12]

与之相比，另一些植物发明了忍耐盐胁迫的招数。它们在漫长的演化中获得了一种能力，可以对内部模型中那个可以接受的阈值做出调整。面对意外，植物能做出令人炫目的多样反应，这一点与人类并无不同。少数植物能从它们宝贵的茎尖中排出多余的盐分，它们也能从具有光合作用潜能的叶子中排出盐分：它们可少不了这些太阳能电板。还有些植物通过留住水分来稀释过量的盐。比如红树林就能在盐度很高的环境中长期生活，一点不会受伤，原因就是它们能留住水。滨藜（saltbush）迎难而上，将盐储存在叶片中的特殊腺体内，盐在那里结晶，不会造成危害。[13]当盐胁迫过高，有些植物干脆将叶子脱落，像一名受惊的侍者丢掉一只装满玻璃杯的托盘。这表面看来只是对压力的生理反应，但其实也有着心理基础。生理反应使植物能够生存，但是激发生理反应的，却是由预期和体验不一致引发的惊异。

预测机器

更为普遍的做法是，为了减少惊异，一株植物会同时运用弗里斯顿的知觉推断和主动推断这两种策略。植物随时在知觉和行动，不停地在这两种模式间切换。它们始终在调整预测、修改环境，好让环境符合预期。这两种策略常常很难看清，也不容易分辨。然而达尔文总能为我们指明方向。在《攀缘植物的运动和习惯》一文中他写道：

时常有人含糊地表示，植物有别于动物的就是缺乏运动能力。但其实我们该说，植物只有在运动可以带来优势的时候，才会获得并展示这种能力，而这种情况是较为罕见的，因为植物固定在地上，空气和雨水自会给它们送去食物。

这就要说到我们认可植物认知行为的第二个理由了。植物会避开盐分，说明它们有能力预知环境。植物会调查周围，搜集最重要的信息。它们尤其会在自己的预期与环境中的遭遇发生错位时这么做。当两者相互一致、风险很低时，它们就可以放松。而一旦出现不一致，植物就会受到刺激并深入探索，寻找与它们的预测相吻合的区域。植物这么做不单是为了避免眼前的意外，也是为了减少它们认为将来可能出现的各种意外。它们对于外面有什么有着自己的期许，它们不停记录着各种变化，为的是能驾驭变化，能预测世界将会如何发展。[14]

因此植物就像动物，在任何行动之前都先要运用对环境的内部模型。我们也可以说它们先要运行一个*虚拟程序*（simulation）。植物感知到的内容，相比输入的数据，其实更加倚重它们对世界真相的预期，比如太阳会怎么运行，土壤有多少盐分或一株宿主的体内有多少养料等等。就像我们在斑点狗实验中所看到的那样，虽然信息在内外两个方向流动，主导的方向仍是从内部模型流向外部，由此形成一个总体预测。植物用预期带动行为，再用输入的感官信息验证预期。和我们一样，它们也是能够自我纠正的预测机器。

植物要拥有几件像样的加工设备，才能将猜测和修正这两道方向相反的信息流综合起来。那么它们有什么可用的硬件呢？植物不像我们和其他哺乳动物这么幸运，不具备由分层组织的加工单元所构成的大脑皮层。不过植物也不需要这个：它们只需要在流入和流出的通路之间有某种功能性的不对称就行了，就像机场里相对运动的水平步道。我们已经看到，在植物神经系统，也就是植物运输系统中的维管束里，有电通信正在进行。并且这些电信号可以沿着两个方向流动。

这些通道也形成了类似层级的结构。看着欧姬芙的画作中那些番木瓜的茎，你会发现它们包含复杂的网络，在纤细的维管之间存在许多连接。

这些网络形成了层级，其作用正像哺乳动物那分层的皮层。我们有一个假说是，预测信息是从较深的层级向外流动的，直至表面的感觉层级。同时，感觉器官激起的电脉冲也在表层与预测信号互动。你可以说，维管系统连接了植物的知觉与行为，就像连续传导信号的光纤在电讯中所起的作用。然而这些有机光缆中到底发生了什么，植物又到底如何变成了会为环境惊异的预测机器，这仍是有待我们解答的问题。我们已经看见了有形的网络结构，但还是没能透彻地理解它。

植物会思考吗?

我们很晚才开始理解“植物心理学”的概念，虽然这个概念在一百多年之前就已播下种子了。根据 19 世纪 70 年代至 19 世纪 90 年代的爱丁堡名录，在 1883 年前后的维多利亚时代，我在爱丁堡寄居的房子里住过一位来自设得兰的民俗作家杰西·萨克斯比（Jessie Saxby）。我知道这一点，是因为我收到了一位菲利普·斯诺（Philip Snow）写来的信。我后来得知他也是一位作家，正准备为萨克斯比立传。[15] 他写信来通知“当前的住户”，说杰西·萨克斯比曾经住在我这套公寓里，并且他很有兴趣来登门参观。很不巧，收到信时我的租约已经到了最后一天，那也是我学术假期的最后一天，我已经在收拾东西塞进轿车了。

读着这封来信，我的内心困惑到了极点，但是我又迫切想要了解杰西·萨克斯比和这位菲利普·斯诺。我打开手提电脑，立即照着他在信上附的邮箱地址回了一封邮件。从之后的邮件往来中，我得知杰西·萨克斯比热衷园艺，尤其是在她离开我的这套公寓返回设得兰群岛退休之后。她四处搜集野生植物栽入她的花园，甚至写了几篇文章介绍设得兰的花朵。菲利普给我发来杰西的一张照片，照片中的她已是一名老妇，后来又发了一张她五个儿子的照片给我。

菲利普还告诉我，杰西有一位兄长，名叫托马斯·埃德蒙斯顿

（Thomas Edmondston），此人“年纪轻轻就当上了植物学教授”。这下我真的来兴趣了。因为这位埃德蒙斯顿是赫拉尔德号（Herald）上的植物学家，曾于19世纪50年代中叶随船探访了南北美洲西岸。后来他还写了一本小书，叫《设得兰群岛植被》（*Flora of the Shetland*）。我在脑中想象出了达尔文和埃德蒙斯顿相会的画面，赶紧找来德斯蒙德（Desmond）和摩尔（Moore）的那本达尔文传记翻看。

菲利普还写道：

托马斯最远只到了秘鲁的苏阿湾（Sua Bay），他在那里意外中枪身亡，年仅20岁……另一点值得注意的是，虽然达尔文多半没有和年轻的托马斯·埃德蒙斯顿见过面，但他确曾与托马斯和杰西的父亲、设得兰的博物学家劳伦斯·埃德蒙斯顿（Laurence Edmondston）有过通信。听说他儿子英年早逝的消息，达尔文给老埃德蒙斯顿写了一封慰问信。

虽然一家人备受打击，但之后的通信显示杰西的小儿子查理（阿盖尔）·萨克斯比［Charlie（Argyll）Saxby］在1903年编纂了《设得兰群岛植被》的第二版，查理还另外写过一篇文章（也可能是一本书），叫《植物会思考吗？》（“Do Plants Think？”）。我在网上查到了这篇文章的重印本，长十六页，载于《普利茅斯研究所与德文及康沃尔博物学会学报》（*Transactions of the Plymouth Institution and Devon and Cornwall Natural History Society*）1906年7月号：

《植物会思考吗？关于植物神经学及心理学的一些猜想（Do Plants Think? Some speculations concerning a neurology and psychology of plants）》

作者：C.F. 阿盖尔·萨克斯比

有了这个完整标题，菲利普在大英图书馆的网站上找到了全文并打印了出来，并于2017年9月底把文章寄给了我。到了21世纪仍显得如此奇特陌生的植物心理学，原来在1906年和更早的时候就已经有人严肃地思考过了。看着一张照片中，萨克斯比坐在我那套公寓的门口，想到菲利普为她作的传记近一百年后才终于出版，我不由感叹，自此到我们重新续上植物心理学这门可能的学科，竟已过去了这么长时间。阿盖尔的文章里有大量猜测成分，而我们今天的工作，就是把关于植物心理学的猜测转变成可以用事实验证的科学假说。

心灵的软件

我曾经强调过一个观点：生理学最多能解释生物体是如何运作的；它还需要一门总括性的心理学、一套由分子层面的螺丝和螺帽构成的框架。如果不用我们在认知科学中看待动物的那种眼光来看待植物，我们就无法预测植物会做出怎样的行为或者会有什么生理变化。

过去四百年来，了解其他动物物种的心理这条道路是较为险峻的。17世纪30年代，法国哲学家勒内·笛卡儿致力于为人类和其他动物奠定一个完整的生理学基础。他对从屠夫那里买来动物的器官进行解剖。同时他还提出了几种详尽的生理学理论，解释了从肌肉的作用到大脑的运行，人体是如何像机械一般发挥功能。他主张，这种机械般的功能可以解释人类和其他动物的大量行为。在笛卡儿看来，我们的大部分行为都与心灵无关，有趋利避害的基本机制就足够了。

这些机制往往建立在本能或是某种具体“记忆”之上。一个人被烫痛了会本能地缩手。一条狗常常在挨打的时候听到音乐，便会在音乐响起时退缩。在笛卡儿的框架中，心灵（mind）等同于智力（intellect），而动物既然缺乏智力，它们就无异于复杂的自动机器，它们的感官不过是声、光或触碰对它们大脑的直接作用。其间无需任何复杂的认知活动。这套由生理主宰的心理学否认了动物的任何知觉或是感受，将动物直接视为机器。不消说，在笛卡儿的那方天地里，植物拥有任何感知的说法是根本不值一哂的。[16]

笛卡儿之后约两百年，自称机械论者的赫尔曼·冯·赫尔姆霍兹（Hermann von Helmholtz）带着他的感觉作用理论，游荡到了心理学世界中更远的地方。[17] 他主张，感觉的作用的确是对感觉器官和神经的物质性作用，但它们也创造了对外部世界中事物的观念（idea）。能够看到、听到或闻到就说明有了意识，因为其中蕴含了在自我之外存在某些事物的概念。心灵从外界流入的感官数据中推出了世界上有某些事物存在。19 世纪法国生理学家克洛德·贝尔纳（Claude Bernard）也有类似观点，他虽然关注的是呼吸、消化和温度调节这些功能产生的具体问题，但是在理解生物体与环境的关系时，却强调了心理因素的重要性。他主张，动物的中枢神经系统将知觉和动物的行为连接到了一起。对于贝尔纳，生理学仍是基础性的，比如他认为心理现象终究可以用生理学解释，但这对机械的笛卡儿式世界观已经是一种偏离了。作为类比，我们可以假设植物的维管系统同样是植物知觉的和植物行为的中介：生理再次促成了心理。

到 20 世纪，心理学的视角兴起，纯粹的生理学不得不与之抗争。著名实验心理学家唐纳德·布罗德本特（Donald Broadbent）扭转了生理学与心理学的关系。此前心理学一直是生理学的附庸，只被看作对身体器官功能研究的短暂延伸。而布罗德本特主张，心理学理论本身即具有价值，无须靠生理学撑腰。不仅如此，生理学最好还要放到心理功能的内部来理解。心理学逐渐变成了让生理学在其中找到意义的整体框架。哲学家杰瑞·福多（Jerry Fodor）在不久后也提出了类似主张，认为心理学是一门“特殊的科学”，不能被简化为神经生理学，虽然这两门学科有着密切联系。[18]

不过，即使理解了心理学可能还不够。在生理学的物质作用和实验心理学的描述性理论之外，还剩下一个问题有待解答：到底发生了什么才使感官数据变成行为？要回答这个问题，需有新的思考方式。20 世纪晚期的一些科学家提出了几种计算理论，其中或许包含了探索这一课题的方法，比如大卫·马尔（David Marr），他的研究大大影响了计算神经科学和人工智能的发展。马尔主张，单单描述神经元在大脑内的组织和运作，并不能揭示视觉或其他感官产生知觉的方式：我们除了知道大脑搜集数据的细节，还必须知道大脑是如何操弄这些数据的。例如，视网膜收集的二维图像是如何变成大脑中关于世界的三维模型的？[19] 物理上的细节只是大脑这台“电脑”的硬件，靠它们并不能解释程序如何工作，就像弄懂了一块电脑芯片仍无法明白电脑如何运作一样。理解信息加工中牵涉的算法或“软件”才是关键。我们或许对构成硬件的成分有了一些了解，但只要还不明白将它们合成一个整体发挥功能的指令，我们就无法为最终的结果建立模型。

说回到植物，我们可以断言：我们是无法仅仅从生理学的角度去理解它们的。因为生理学只描述硬件，并不说明硬件如何运行。我们也不能只观察植物的行为就生造出一套浪漫的植物心理学来，那样同样无法理解它们。我们要像看待动物一样，把它们视作信息加工的机器，其中安装了复杂的算法，能将感官数据转化成对外部世界的表征。要具备这样的眼光，就必须加深了解以下几件事。第一，我们要从植物的角度出发，了解像寻找支撑或觅食这样的任务中包含了哪些参数。要运行植物的算法，必须往里面输入哪些信息？这个问题并不容易回答，我们未必可以从人类的角度假设。第二，我们必须厘清一连串复杂的信息加工步骤，在这些步骤中，植物将感官数据与关于外部世界的预测相结合。第三，我们还要弄清这些是如何反馈到植物的行为中去的。

感知就是从感官体验中创造出意义。这个意义必须能决定性地说明，观察者周围的世界是什么样子的，各种事件的直接原因又是什么。这一过程让生物能以一种有用的方式塑造行为：一株攀缘着寻找支撑物的豆科植物，必须在环境模型和它收集的数据之间做一番摇摆，才能兜兜转转地修正出最终的抓握目标。我们知道它为什么要寻找支撑物，知道它找到支撑物的一些生理学原理；但是我们还不明白这两个元素是如何相互关联的，它的目标又是经过何种加工变成了行为。我们必须明白它的硬件和前端软件，理解神经科学和心理学，我们也必须弄清将它们连到一起的因素。为此，像马尔的这种基于信息加工的思路，可能具有无可估量的价值。我们已经猜到了植物会思考。不过只有找到了生理和行为的联系，我们才有可能明白它们如何思考，并看穿它们如狮身人面像一般庄严姿态背后的东西。

第六章
Chapter Six

生态学上的认知

植物软件

我每次看到那些表现植物智能的图画都觉得很好笑。这个主题似乎老在给图片编辑出难题。从他们构思出的方案里，我们很能看出人们是怎么理解植物的思考能力的。《植物科学趋势》（*Trends in Plant Science*）杂志 2005 年 3 月刊就是关于植物智能这一主题的，标题叫“植物的神经元信号：是智能行为吗？”（“Neuronal signalling in plants：Intelligent behaviour？”）。

封面是一幅漫画，画着两朵向日葵在下国际象棋，其中一朵戴着眼镜，正得意扬扬地击败心不在焉的对手。就连这样的主流且完全是以植物为主题的期刊，也免不了套用人类的聪明来描绘植物的认知。快十年过去了，情况仍然没有多少好转。2014 年 12 月，《新科学家》（*New Scientist*）杂志起了一个“聪明植物（Smarty Plants）”的标题，来敦促读者重新思考植物智能的问题。这一次，他们画的是一株大脑形状的盆栽，它的对面是罗丹的著名雕像《思想者》，就是那个佝偻着身子、手托下巴作沉思状的经典男性形象。底下的副标题是“它们有思想，它们有反应，它们能记得”。这些老套的插图虽然可笑，却也指出了关于智力的主流观点是多么狭隘。我在几年前开始为本书准备素材时，我的儿子暖心地为我设计了一幅封面，上面写了我原本起的书名。为表现聪明的植物，他自然采用了他心目中最能表现智慧的场所：课堂。

图 6-1　我儿子为我设计的图书封面

我们向来依靠比喻理解思维。思维这东西太过短暂，我们无法对其进行直接的想象，而是需要一种方式使其具体化，以便思考。每一个时代都会用自己的比喻来表现智能，往往会用上当时的主流技术：最初是水泵和漏壶，然后是齿轮发条，再后来是电话网络。长久以来我们一直这样理解人类和动物的智能，现在我们又尝试以同样的方式理解植物的认知生活。但这种做法不是单向的。比喻是思维的工具，而它又必然会塑造所产生的观念。我们甚至走得更远，直接用电脑模拟起了智能。我曾在 20 世纪 90 年代末到加州大学圣迭戈分校做富布赖特访问学者，有幸亲眼见证了智能神经网络的兴起。1990 至 2000 年的十年被称作“脑的十年”。[①] 人工神经网络的建模者与神经科学家

①20 世纪 90 年代被美国国会定为“脑的十年”。这一宣言最初是在神经科学界几位领袖的建议下，由众议员西尔维奥・康蒂（Silvio Conti，来自马萨诸塞州，代表共和党）提出的，后于 1990 年 7 月由总统乔治・布什签署。

联手，通过调整人工神经网络内部的“突触”来模拟认知。受到人脑功能的启发，他们用抽象的数学单元代表神经元，用数字连接的权重代表突触。[1]

于是不出所料，这种主宰了人类世界基础设施的数字技术，也成为植物学家青睐的比喻。植物的智能变成了一个关于计算（computation）的故事：如果植物有智能，那一定是因为它们会加工信息。就像遵守软件规则的电脑能和你下国际象棋一样，“聪明植物”能与罗丹的思想者交流也是因为它们会计算。大自然一定在植物体内安装了某种“软件”，让它们能做出像绿色电脑一般的行为，比如从环境中筛选数据，经过加工后再产生行为的输出。当然，期刊编辑们选用了拟人的插图，是为了使对内部信号系统的复杂性的解读显得轻松一些。但人们还是对电脑比喻做了直白的理解。就好像你只要理解了写进软件里的那套规则，你就理解认知了。这也是大卫·马尔的心智计算理论的本质。

在有些层面上，这的确是一个有用的比喻：我自己也在这里使用了“硬件”和“软件”这两个术语。要想更加详细地理解这套机制是什么，“计算”又是什么意思，最简单的法子就是回顾现代电脑的祖先，比如由达尔文的同时代人查尔斯·巴贝奇（Charles Babbage）设计的“分析机”（Analytical Engine）。那是一件理论上的发明，这一机器从来没有真的被造出来过。巴贝奇的灵感来自约瑟夫·M. 雅卡尔（Joseph M. Jacquard）为纺织业设计的一台织布机。雅卡尔的发明包含了一台平常的织布机和一套与之相连的卡片。他的思路是将图案自动织进布里。卡片上的孔洞对应想要的图案。将卡片按顺序排列并放入织布机，就能将图案一行行地织出来了。

卡片上的孔洞构成了软件，也就是在织布机上运行的一套规则。有了它，织工就不必再时时全神贯注了。巴贝奇设想以同样的方式造一台计算机器，那将是一套由蒸汽驱动的、由齿轮和杠杆组成的复杂装置，使用打孔的卡片。[2]

这部机器的算力就蕴藏于打孔的卡片，也就是它的软件中。其中有一类“数字”卡片记录数值，“变量”卡片将数值放入栏目，“运算”卡片则选择运算的种类，比如是除法还是乘法。此外，这部机器还有一个存储器来存放数值、一个引擎来处理它们——相当于一台现代电脑的内存和中央处理器。说到底，这部分析机就是一台通用计算机，它虽然由机械而非电子元件构成，但已经体现了后来各项强大技术的原理。将卡片上的孔洞分布换成新的，让机器另外读一批卡片，就相当于在它上面运行一套程序了。阿达·洛芙莱斯（Ada Lovelace），浪漫派诗人拜伦之女，公认的史上第一位程序员，曾在笔记中这样评价巴贝奇的设想："我们这样说应该是最合适的：就像雅卡尔的织布机能织出花朵和叶片，这部分析机也能织出代数图案。"[3]

电脑比喻投下的影子可能过分长了。它暗示思维与一局国际象棋中死板的数据处理没有太大差别。由此推断，如果植物能够认知，它们一定也遵照一套严格的指令，以此产生感觉并对环境做出反应。然而国际象棋是一种形式化的游戏，由一套简单的规则构成。在明确的规则下操弄大量数据，这也是电脑的拿手好戏。换言之，棋子用什么材料做成并不重要，重要的是下棋的规则。要下一局国际象棋，你甚至不必备一块棋盘，只要有一块屏幕，甚至一串数字和字母就行。而对植物来说，规则却没那么重要。任凭一部机器怎么"织出花朵和叶片"，它也不可能复制活的器官。

当今的超级计算机使巴贝奇的分析机相形见绌，但是我们也不要太过得意。这场信息加工的军备竞赛，说到底不过是你一秒钟能处理多少条指令罢了。这和生物的智能的关系或许不大。将我们无比复杂的精神生活简化成一套软件，总使我们感觉有些不安。我们本能地觉得，自己不光是运行复杂程序的自动机。这或许也是我们面对人工智能（AI）会觉得诡异和紧张的一个原因：它使机器能表现得像人一样，但从某个角度说，那不过是简单的计算堆出来的。机器成了人的僵化副本，和我们相比既遥遥领先，又远远落后。

心灵即物质

比较一局国际象棋和一局桌球，你或许会发现它们是差别极大的两项运动。前者包含一套受到规则限定的算法，后者则涉及认知与物理运动的相互作用。桌球玩家不能光靠谋略，他们还必须用球杆执行自己的想法。

他们的想法必须延伸进物理领域，并且不能延迟。很可能，无论植物还是动物的思想，我们都永远无法用国际象棋那样的形式化规则加以描述。我们不能只着眼于软件或是生理学的硬件。我们还必须考虑植物和其他生物都是物理性的存在，处于一张有形的相互作用的网络之中。也许植物的思维更加接近一局桌球，必须借助其生态环境中的物理变化方能理解。

描述遵循规则的行为，将行为视作规则的结果，这两者之间有什么分别？我们可以参考蜜蜂和它们的六边形巢穴。蜜蜂是如何将圆形的巢房搭成六角形结构的？它们遵循了哪些规则？我们很容易认为那是蜜蜂自己的功劳。达尔文猜到了蜜蜂最初造出的是圆形的巢房，但他始终没有观察到圆形变成六边形的过程。他渴望用一种统一的眼光看待整个自然，于是推测蜜蜂构造六边形是出于自然选择，也就是说，那些造出六边形蜂巢的蜜蜂最可能生存下来并且繁衍后代。但事实上，蜜蜂并没有打算在它们的天然巢脾中建造六边形结构。它们也没有参照什么内置的规则手册。现在我们知道，六边形巢房乃是物理法则的结果，而非演化生物学。蜜蜂堆叠起圆形的蜂蜡巢房，随着巢房的堆叠，它们发生了压缩。巢房壁相接的地方，在表面张力下自然形成了六边形结构。蜜蜂并未遵循什么构造六边形的规则。[4]

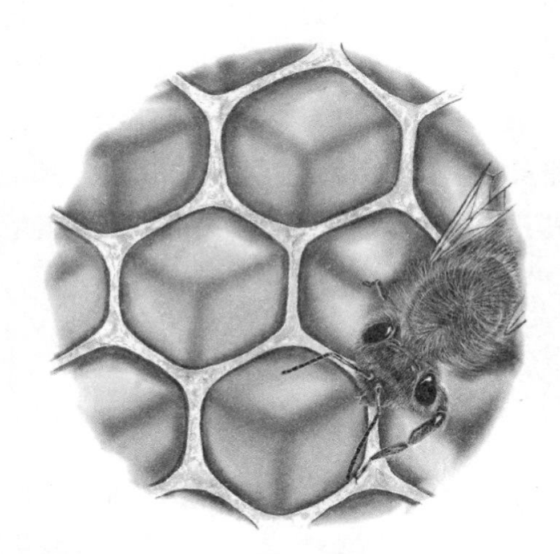

图 6–2　蜜蜂堆叠的圆形蜂蜡巢房在表面张力下自然形成六边形结构

即使是这样复杂的、看上去简直像在电脑驱动下3D打印出来的六边形结构，也可能只是蜜蜂将蜂蜡堆成圆形的冲动和物理学法则叠加的产物。因此，我们要想理解认知，或许像现在这样着眼于“软件”仍是不够的。我们已经看到，物理世界和电脑的活动几乎没有关系。一台电脑可以是一块渺小的微芯片、一台装满整个房间的超级计算机、一部智能手机或一个AI机器人。与此相反，生物及其思维却与它们的物理形态以及周围的世界密切相连。一只鹦鹉的大脑植入一只老鼠体内就不能发挥同样的功能，一只甲虫的意识也没法移植给一株矮牵牛。

美国计算心理学家、诺贝尔经济学奖得主赫伯特·西蒙（Herbert Simon）曾举过一个蚂蚁在沙滩上行走的比喻，这个比喻影响深远，对这种依赖性做出了完美总结。想象一下：一群蚂蚁在沙滩上缓慢随意地穿越，而你在观察它们的行为。单看蚂蚁本身，它们的前进路线似乎显得奇怪复杂，它们时左时右，仿佛在某种无法推测的规则支配下走出随机的线路。但是再看看蚂蚁走过的地形，你就明白它们所做的不过是避开障碍物罢了。它们的路线看似复杂，其实都取决于环境的性质，是环境决定了它们的行为。渺小的蚂蚁们只是在不断探路，好绕过它们无法翻越的沙丘而已。[5]

这并不是说一切行为都是简单的，而是说，这些沙滩上的蚂蚁显示，行为必须被置于它发生的世界中去理解。我们不能用动物中心的、囿于物质的生理学来定义认知。但另一方面，心灵也不是非物质的。安迪·克拉克和大卫·查默斯在那篇“延伸心灵”的论文中描绘了这样一幅图景，他们将认知扩展到了周围的世界中去，使它超越颅脑的局限，囊括了我们用来辅助思考的工具和物品。植物当然没有头，但它们也会用根、芽、卷须和吸盘向世界延伸。它们在环境中生长，共同营造了生态系统的绿色基础设施，与地下的细菌和真菌打成一片，在叶子的边缘和茎秆上与猎食者斗争，它们放任动物在花朵上短暂嬉戏，末了再让动物捎上它们的繁殖细胞飞到远方。也许植物的“心灵”向世界延伸的方式，就是克拉克想象中我们的心灵向智能手机、铅笔和乐高积木延伸的方式。当今的生态心理学则更进一步，将生物的物理性质和它们环境的物理性质都视作其思维的必要成分。[6] 植物尤其如此。

在 MINT 实验室，我们不关心支配植物行为的法则，我们只关心植物与环境的关系如何影响植物的行为。正如心理学家威廉·梅斯（William Mace）所说：“不要问你的脑袋里面有什么，而要问你的脑袋外面是什么。”[7]

估算距离

1895 年，卢米埃尔兄弟制作了他们的第一批电影，其中的一部是《火车进站》（*L'Arrivée d'un train en gare de La Ciotat*）。在这部无声的纪录片中，一列火车驶入拉西约塔车站，乘客们陆陆续续从车上下来。有报告称，1896 年，当影片在影院面向一群几乎从未看过动态图像的观众播放时，银幕上迎面驶来的火车吓坏了一些人，使他们尖叫着向礼堂后方逃命。这很可能只是一则都市传说，但它说出来也相当可信。当今世界，我们的意识中有一大部分与各种屏幕互动交流，早已习惯了屏幕上移动不止的图像，我们已经无法想象把屏幕上驶来的火车当作真实并被它吓住了的场景。而 19 世纪的电影观众尚未对铺天盖地的影片产生厌倦，他们看见一列火车猛冲过来，即使只是一列黑白火车，也足以激发最原始的逃跑冲动。

为什么那些早期电影观众会如此害怕二维图像？他们肯定能看出银幕本身并没有向他们移动分毫吧。除了银幕，也没有任何东西真的在朝他们移动。这就要说到我们是如何评估周围的事件了。在生物与环境的互动中，它们面临的问题之一就是判断距离。在最基本的层面上，它们的物理形态需要对周围世界中的物体做出接触和回避。它们必须知道，在一个动态的、时而迅速变化的处境中，自身和其他物体之间是什么关系。对动物和植物来说，这个问题似乎是不同的。对比一只柽柳猴和一株盘旋的藤蔓，前者在树枝间精准地腾跃，以免落到森林的地面上，后者则套住一根杆子从根部向上攀登。它们不可能面对相同的困境或使用相同的方案吧？然而经过仔细考察，我们却会发现它们之间或许没有那么不同。

英国天体物理学家弗雷德·霍伊尔爵士（Sir Fred Hoyle）写过一部科幻小说叫《黑云》（*The Black Cloud*，1957），说地球附近出现了一片不吉利的巨大黑色云气。小说中的天文台每隔一段固定时间拍摄的胶片显示，黑云的尺寸正不断增长。黑云似乎将要蚕食地球，形势令人担忧。一群天文学家根据知识做出了猜测：黑云最终将与地球相撞。要是能算出它入侵的距离和速度，他们就能够确定这场天地大冲撞的时间，并采取相应的行动了，虽然谁也不知道还能采取什么行动。一位天文学家主张，他们可以利用黑云变大时遮挡的恒星发光光谱来计算它的速度。但后来证明不必如此，因为还有一个简单得多的办法。要想确定人类还剩下多少时间，其实没有必要估测黑云飞行的速度或是它当前与地球的距离。只要观测黑云的角直径（apparent size）是如何增加的就行了。

我们可以用地球上的情况做一个简单类比。看看图 6–3 中的两块砖头。因为和你的距离不同，它们在你视网膜（此处用相机代替）上投下的影像也不同。砖块越远，在视网膜上的投影就越小。但是你并不会认为远处那块砖头体积较小。在你的知觉中，它们的大小是一样的。研究知觉的心理学家称之为“大小恒常性”（size constancy）问题。

图 6–3　大小恒常性一例。相对于它们下方的地砖，两块砖头占据的空间是相同的

应该如何对大小恒常性做生态学的解释？你的视觉系统和大脑并没有大费周章地计算距离、推断砖块的大小。首先是因为它们无法收集这些信息——我们不是机器，没有装备速度计和卷尺。不过有一类信息却同样好用，而且在视网膜上就可以直接获取。注意看，两块砖头在地砖上所占的比例是相等的：都是三分之一块地砖左右。无论距离是远是近、在视网膜上投影是大是小，砖块的宽度与地砖的比例才是你的大脑明白两块砖头大小相等的依据。我们的知觉并非建立在绝对长度和绝对距离上。我们参照的是物体与环境之间的关系。

科幻作者的想象有时也能激发科学上的洞见和预测。霍伊尔的身上有一点生态天文学家的影子。他笔下的人物利用感觉比例推断黑云的速度，算出了它多久会到达地球。你可以把黑云想象成迎面掷来的一只篮球（见图 6–4）。篮球和你眼睛之间的距离正迅速缩小。我们假设，在时间 t，篮球和你的距离是 $z(t)$，并且它以匀速向你飞来。此时篮球投在你视网膜上的影像大小是 $r(t)$，与篮球的真实大小成一定比例。当篮球继续飞近，它的投影将以 $v(t)$ 的速度增大。[8]

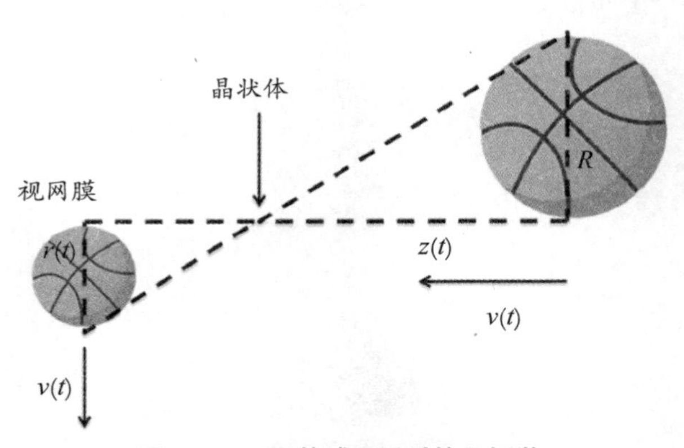

图 6–4　一只篮球飞近时的几何学

接着，你只要用篮球在你视网膜上投影的大小除以它的相对大小变化的速度（也就是它迎面飞来时变大的速度），一切就都清楚了。图 6-4 中的两个三角形是相似的：$r(t)$ 与 $v(t)$ 之比，基本等同于 $z(t)$ 与 $v(t)$ 之比。我

们把这个比值称为 τ（希腊字母，念作“tau”），这是 20 世纪 70 年代由戴夫·李（Dave Lee）提出的一个变量，李是爱丁堡大学的荣休教授，也是 MINT 实验室的长期合作者。τ 是一个相对度量，描述的是物体和观察者之间距离的变化。你可以认为，τ 和在当前速度下，物体与观察者接触的时间是成比例的。①

如果你在纸上解物理题，当一只篮球以匀速飞来时，它与你接触的时间一般是距离除以速度之商。而如果你是一个感知环境的生物，那么用视网膜上篮球大小的变化速度，也能算出篮球击中你面部的时间。

由篮球说回霍伊尔那朵飞向地球的黑云，这个关系依然成立。对于霍伊尔的黑云威胁论，如果黑云飞向地球的速度不变，用 τ 可以算出它到达地球的时间。而 τ 可以由天文台每隔固定时间拍摄的一连串照片算出，这里的天文台就像一块巨大的视网膜——你只要知道，一张照片上的黑云比在上一张上大了多少就行了。这个影像的扩张速度透露了它的行踪。在霍伊尔的科幻小说里，慌张的天文学家算出在相隔一月拍摄的两张照片中，黑云的影像扩大了 5%。他们由此预测黑云将在二十个月后到达地球。我不会向你透露他们到底是怎么应对的。

《黑云》是一部科幻小说，但是在真实世界的生物行为中对比例的生态学依赖却随处可见。2017 年在爱丁堡，就在我的学术假行将结束时，我和戴夫·李决定停掉我们每周共饮啤酒的惯例，改成到福斯湾的巴斯岩（Bass Rock）散步。也是在那一片海岸，学生时代的达尔文曾经蹚水走过一个个潮汐池，寻找海绵、海鳃和海中的其他珍宝。我和戴夫在大陆的花岗岩悬崖边静坐良久，顶着凌厉的海风，望着一群塘鹅一只接一只地扎进海里。入水的那一刹那，它们像机械般迅速而精确地收起双翼，由飞鸟变成了一支支利箭。我想象它们像鱼叉似的插进水下的鱼群，带着一道道滑流抓到游鱼，再划动双脚浮到水面上。戴夫告诉我，他过去四十

① 如果你习惯数学语言，则 τ 为物体在视网膜上的投影扩大速度的倒数，计算公式为 $\tau = r(t)/v(t)$。

年常到此地游览，但是看到这样一幕只有五次而已。就好像塘鹅们在用这一出大戏为我送行。

图 6–5 巴斯岩的塘鹅入水

选择巴斯岩做这次告别散步地点并非临时起意。戴夫本来就会定期探访此地，他在爱丁堡大学工作了很久，始终处在人类与非人类动物运动研究的前沿。到今天，他已经清楚地了解了塘鹅想干什么，它们又是如何恰到好处地扎入水中的。在 1981 年的一篇发表在《自然》(*Nature*) 上的论文中，戴夫和他当时的学生保罗 · 雷迪什（Paul Reddish）分析了塘鹅跳水的影片。[9] 他们想要知道：塘鹅是怎么知道在入水之前应该在哪个时刻收起翅膀，从而避免撞伤甚至扭断脖子的？塘鹅的眼睛位于喙的两侧，它们有双眼视觉，能够测算距离。不过在戴夫看来，霍伊尔的科幻洞见或许更适合用来解释塘鹅。就像天文学家不必知道黑云的大小一样，塘鹅或许也不必操心距离和速度。研究证实了他的想法：塘鹅对 τ 十分敏感。这些飞鸟利用视网膜上的影像大小变化来估算时间，并据此在入水的那一刹那收起翅膀。它们根本不必知道自己的绝对速度或高度是多少。τ 传达的相对变化，已经足以使它们知道自己与海面接触的时间了。

看到就是知道

我曾经详细向戴夫介绍了我对菜豆的研究，包括它是如何转着圈寻找支撑物的。戴夫说他可能知道菜豆伸向附近的杆子时在做什么——这和塘鹅急降潜水的行为并无太大不同。而塘鹅的行为只是动物利用自己的动作感知环境的一个例子。除此以外还有蜜蜂飞向花朵上的简易跑道，灰松鼠用杂技动作接近喂鸟器，以及鸽子移动的时候上下探头——它们都是在用运动触发视网膜上的影像变化，这让它们能掌握 τ，并在直觉中把握与对象接触的时间。动物对这种测算极为敏感，这对它们来说是一种不可或缺的信息。[10]

我们猜想，也许植物也是如此，它们会感知物体的相对变化，比如根系会寻觅盐度较低的土壤。同样是生态学信息，没有理由只有动物会获得。动物在视网膜上产生视觉信息，这是动物的一种性状。而植物如果收集了相似的信息，它们用得来吗？我们知道植物不是静止的生命，它们也无时不在运动之中，虽然是通过改变形态而非行走。如果你能想象一株菜豆像甩动鱼线似的转来转去寻找支撑物，每甩一次都更加接近目标，你或许就能领会为什么对接触时间有所了解对植物也很重要了。植物是这样收集这方面信息的：通过在环境中运动，不停地改变杆子和自身茎的相对位置。

关于这个问题，达尔文再次预见到，植物的行为可以归结为对关系差异的适应。在《植物的运动本领》一书的结尾他这样写道：

> 我们发现，存放于黑暗中的幼苗，如果在其旁边放一根小蜡烛，每 45 分钟点亮两三分钟，最后幼苗都会向着蜡烛的方向弯曲……威斯纳……已经指出，一小时内对一株植物间断照明累计 20 分钟，造成的弯曲角度和连续照明 60 分钟是一样的。我们认为，对这个例子以及我们自己举出的例子，或许都可以做这样的解释：光照引起的兴奋并不取决于具体的光照量，而取决于与之前光照量的差别；在我们的例子中，这个差别就是反复从完

全的黑暗变到有光照。

我们现在可以思考植物有所“预期”是什么意思了。植物的规划是否取决于它们为环境创建内在模型的能力？不见得。天文学家和塘鹅都不用计算就能预见未来，通过直接观测就能掌握接触时间。同样，植物也能利用生态信息推测接下来会发生什么。如果某些条件保持不变，植物也能像塘鹅一样，对未来做出精确的猜测。信息已经存在，就蕴藏在植物探测的变化模式之中。动物和植物都能感知环境提供的行动机会。对于动物，那或许是从着陆地点到猎物的任何东西；对于菜豆，或许是可以攀缘的结构。这种预期没有任何神秘或者牵涉计算的成分：仅仅是物理环境和感觉的互动，以及感觉对相对变化的觉察，就足够提供所有必要的信息了。[11]

飞行员似的藤蔓

故事要从一位美国心理学家说起，此人在20世纪40年代首创了生态心理学，早在霍伊尔幻想出那朵黑云之前。J.J. 吉布森意识到，对于视网膜收集的信息，还有另外一种思考方式：它们判断的或许不是一个生物什么时候会撞上某个物体，而是眼睛如何在天地间移动。戴夫·李曾在20世纪60年代作为博士后研究者拜访过吉布森，他的 τ 理论也是因吉布森萌发的。吉布森之所以能提出这一原创性思想，是因为他渴望能解决一个问题，这个问题曾经困扰了美国空军很长时间，那就是如何训练飞行员产生独特的视力，使他们能穿越沙漠、海洋和其他地理环境，并完成旋转和着陆等艰难操作。大多数人都习惯了用房间和街道的尺度来判断空间，一旦面对飞行员需要穿越的广袤天地，就会感到深深的困惑。你很可能对此已有亲身体验：望着一片风景，你感觉其中的一些部分几乎触手可及，虽然你也清楚它们可能有好几英里远。吉布森开发了一个项目，用来训练候选飞行员克服判断距离的错误本能，并将注意力集中到视觉体验的不同成分上，以此帮助他们在陌生地带的空域飞行。

物体如果离得太远，τ 就派不上什么用场了。这时候视网膜投影的相对变化太小，无法再像平常那样形成精准的直觉，供人判断接触时间。不过吉布森的方法同样依赖于本能，这种方法你也有过体验。回想上一次你乘坐轿车的情景：当轿车在公路上向前行驶，车外的世界向各个方向延伸。但这种延伸是不平均的：外面的物体迎面而来，经过车身再甩到后方，其中离你越近的物体移动越快，离你越远的移动越慢。两旁的路标迅速掠过，而远方的地标始终跟着车子徐徐移动，过很久才会被甩到后面。更远处的地平线则更是一动不动——因为相距太远，它似乎怎么看都是静止和单调的。吉布森称这种关系为“视网膜运动透视”（retinal motion perspective）。这也是我们收集物体距离信息最重要的方式。当我们移动于天地之间，我们会不停地比对视野中不同物体的移动速度。和远处的物体相比，较近的物体和我们相对位置的变化更为迅速，因而在视网膜上移动得也更快。[12]

吉布森就是利用这个原理训练飞行员判断空间的，他曾为美国空军撰写了一份最终解密的“航空心理学项目”保密报告。他也很清楚这个原理在别的领域也有很大的价值。[13] 他所描述的飞行员与环境的关系，可以直接用来解释动物在世界上的运动：蜻蜓在飞行中通过几千只复眼观察网膜运动透视，羚羊也是这样一边观察一边在大草原上奔驰。它们的腿脚、翅膀或任何运动器官都是它们知觉系统的一部分。它们知觉到的东西、它们收集了最多数据并看得最清楚的东西，都取决于它们决定要向哪里移动。同样，一株植物也会在运动中观察周围的相对变化，它会据此向着一个似乎对它有利的方向生长，并加深对世界这一部分的了解。

植物和动物之间很可能存在某种基本的连续性。两者都在环境中运动，一边运动一边收集信息，两者也都用观察到的相对变化来预知将来的变化。我们不难想象一只蜜蜂在一片开满鲜花的空间中移动的情形，它的周围全是巨大的植物，它就像吉布森的空军学员在广袤的地貌上方飞行。它向前方和后方加速探访每一朵花，瞄准花朵的蜜腺做出精细判断，它会利用花瓣的形状和花瓣中色素斑点的分布，把它们当成着陆向导。在身上挂满花粉、胃里吃饱花蜜之后，蜜蜂疾飞回蜂巢，一路上观察环境物体的网膜流或光流的速度，以此判断距离。同样，植物也向着外部空间缓慢生长或是操纵肢体在空中打转，但我们很难将它们看作驾驶飞机的飞行员，不过我们仍希望对植物运用这些视觉流动的原理，像解释昆虫的飞行那样解释植物的航行能力。植物虽然不都像蜜蜂那样移动迅速，但它们也能敏感地觉察物体的靠近或是物体经过身边的速度。比如我们的菜豆旋转着寻找支撑物，靠自己的相对运动测算周围物体的方位，它的行为正是在未知区域中航行。而它最终用攀藤套上杆子一把抓住，也无异于附近的蜜蜂自信而快速地飞入花瓣之间。[14]

第三部

长出果实

“你们要是会说话该多好！”

“我们会说话。”那株卷丹说道，

“但得有值得和我们说话的人。”

——刘易斯·卡罗尔

《爱丽丝镜中奇遇记》

第七章

Chapter Seven

做一株植物是什么感觉？

1974 年，哲学家托马斯·内格尔（Thomas Nagel）提出了一个问题："做一只蝙蝠是什么感觉？"[1] 那以后的几十年中，这个奇怪的问题引发了许多打趣的评论，补充了长久以来关于意识本质的讨论。蝙蝠的内心世界有什么好了解的呢？不过内格尔确实有充分理由考虑做一只蝙蝠是什么感觉。蝙蝠和我们一样，也是哺乳类，在基因上也相差不远，因此我们可以想象它们也有丰富的主观体验。但是另一方面，蝙蝠又有着与我们悬殊的生存方式。正如内格尔所说："无论是谁，只要和一只兴奋的蝙蝠在密闭空间里共处过一段时间，都会了解遇到一种根本不同的生命形式是什么感觉。"

内格尔认为，如果我们真的可以体验做某种动物的感觉，那么这种动物一定拥有某种形式的意识。在某些层面，主观体验与意识等同。大鼠、鲸、羚羊都有着特定类型的内心体验，这些体验与它们各自在世界上感知及生存的方式相关联。但他的这个问题中也包含一个难点：我们这些被触觉和视觉引导的双足动物，该如何去体会一种过分活跃、在空中捕食昆虫、脚上长蹼、用声呐"观看"的异类？我们可以接受蝙蝠也有主观体验，但通向理解这种体验的桥梁是狭长而脆弱的。至于想象做一株植物是什么感觉，那就更是一种艰难绝顶的想象跳跃了，以至于许多人干脆主张植物根本没有主观体验。

当一种迥异的生命形式的生存方式与我们相距遥远时，我们该如何去想象它的主观体验？当你思考在演化上和我们距离更远的生物时，这个问题就会更加明显。内格尔的蝙蝠在种系发生树上和我们差得不远，没有使这种想象达到不可能的地步。目前已经有许多人尝试用精细的装备，从鸟或鱼的视角模拟其他生物的体验了。我们已经可以收集与我们的生活相距遥远的镜头或者声音，将它们剪辑成令人愉快的体验，做成可以坐在沙发上舒舒服服观看的自然纪录片，或是漫步于博物馆中观赏的展品。比如美国《国家地理》的“动物摄像机”（crittercam）就是将稳定的摄像装置不留痕迹地固定到选定的对象身上——鲨鱼的鳍、企鹅的背，或是海龟的甲壳。它们由此向我们提供了这些动物日常体验到的画面和声音。[2]

技术也向植物的私生活发起了攻势。除了用延时摄像将植物的生长浓缩成可见的运动，艺术家亚历克斯·梅特卡夫（Alex Metcalf）还发明了一种精度极高的麦克风，它能记录植物蒸腾时的声音，将原本听不见的振动转化为人耳可以接收的声波。[3] 这些技术使我们能通过锁孔窥视其他物种的体验。但它们提供的仍然是人类的知觉：能在宽屏幕电视上播放的影像、能为人眼所察觉的光波或是人耳可以接收的声波。它们并未向我们展示那些生物本身的知觉和感受。我们要如何再进一步，从类似植物的视角过渡到植物本身的体验？这个问题的答案还不明确，但是通过仔细拼凑出对植物认知的已知和未知，我们已经可以开始考虑做一株植物可能是什么感觉了。

感知的变换

1982 年，心灵哲学家弗兰克·杰克逊（Frank Jackson）设想了另一个与内格尔的蝙蝠不同的思想实验，由此直接切入了神经科学的核心。他假设存在一名神经科学家玛丽（Mary），她掌握了关于颜色的一切知识。唯一的局限是她从小生活在一个只有黑白两色的房间里，能看的也只有黑白电视、黑白色的书。她对颜色的科学了如指掌，却从未体验过颜色。杰克逊主张，玛丽对颜色的理解因此含有重大缺陷，因为在这种理解中，有一些方面是不能用她所掌握的原则来描述的。她怎么可能明白颜色是什么？杰克逊主张她不可能明白。他坚持认为，玛丽的想象力将陡然止步于她主观体验的边界，无论多么高妙的技术性理解都不能使她再前进一步了。[4]

从玛丽说开去，也许就算知道了关于植物神经生物学的一切，我们仍不可能明白做一株植物是什么感觉。但这个观点也不是人人都同意的。我20世纪90年代末拿到富布赖特科学奖学金在加州大学圣迭戈分校进修，当时的导师是著名科学哲学家保罗·丘奇兰德（Paul Churchland）。他的看法是，玛丽既能在理智上掌握颜色这个神经科学概念又具备想象力，她应该能够与周围知觉到颜色的人们感同身受。[5]保罗主张，我们的想象力能够跃入别的世界，特别是在充分的科学理解的辅佐之下。

在一场讲座中，保罗举了一个例子说明他的观点。他告诉我们，他和其他加拿大居民在20世纪70年代经历过一次剧变，当时加拿大将温度标准从华氏改成了摄氏。于是加拿大人不得不重新校准他们内心的温度感受，学习用新的标准量化自己的私人体验：一个炎炎夏日不再是100华氏度了，而是降到了只有40摄氏度；一股寒流现在成了冰冷的零下10摄氏度，不再是14华氏度了。人们经过一段时间终于适应，慢慢将本能调整到了一套新的数字体系内。而美国始终在沿用华氏温标。

保罗认为，虽然当时可能令人惊愕，但这并不是什么不得了的转变，它只是要求人们学会用新的数字对应冷热的感觉罢了。如果人们要学习的是用空气粒子的平均动能甚至它们的平均速度（这才是温度的实质）来校正冷热体验，那才是惊人的剧变。实现了那样的变化，他们就会掌握用来描述粒子的物理学框架。它还会使人更加了解大气现象：我们时常抱怨的天气，说穿了就是空气中原子细微运动的结果。保罗提出，我们还可以更进一步，将音乐家的音阶替换成声波的波长，或是将描述颜色的语言替换成一套使用电磁波长的词汇，毕竟颜色就是不同波长的电磁波。[6]

在我们的冷热体验和粒子速度之间，或是在颜色视觉和光的波长之间建立本能的联系，这看起来或许像一门黑魔法。但实际上，改变我们的体验结构是完全可能的，这一点已经为加拿大的居民所证实。气体微粒的速度有大有小，会对徜徉其间的动物的感觉器官施加非常不同的作用。声音或光线的不同波长，也会对我们的感觉系统产生直接而显著的影响。只要接受一些训练，我们就可以采用新的框架来设想这些体验。

同样的道理，从我们的植物生物学知识联系到做一株植物的感觉似乎很难。对于如何理解其他动物的心灵，丘奇兰德认为我们能够而且必须运用我们的心灵转变知觉框架，就像我们可以学着改变对温度或声音的想法。他的观点或许对植物同样适用。我们原本不可能明白做一株植物是什么感觉，除非我们愿意放弃人类中心主义的立场，冲破身为人类的限制，并在想象中探索其他的生存和理解世界的方式。关键是要对具体的神经生物学做出充分了解，这一项目已经在进行之中了。我们要跳出狭隘的直觉去领会周围环境的重要元素，要试着从其他类型的意识出发开展想象，比如生活在一个由声呐照亮的黑暗世界中的蝙蝠，或是被阳光的滋养或土壤中矿物含量所吸引的植物。

向头足类学习

在跃过植物和动物之间的演化鸿沟之前，我们先来探讨一下如何研究一种至少长着脑袋的动物的心灵——这件事本身也够不容易了。内格尔或许认为一只蝙蝠是一种“根本不同的生命形式”。如果说蝙蝠好像是来自其他行星的生物，那么还有些动物就仿佛来自完全不同的星系了。但即便是那些动物，也有无可争议的迹象表明它们拥有复杂的内心生活。章鱼是一类特殊的软体动物，它们没有甲壳保护，却长出了类似脊椎动物的头部。它们顺理成章地被归入了一个名为“头足类”（cephalopod）的群体，这个词来自希腊语，意为“头足”（head leg）。乍一看，章鱼确实像是巨大的脑袋直接连着几条腕足。章鱼是一种矛盾的动物：它们的生存时间很短，寿命最多两年，但它们拥有的智力，我们又好像只在寿命长得多的动物身上才能看到。它们的脑容量大大超越了小鼠，有四十来叶，其中一叶似乎还有着与哺乳动物大脑额叶相似的功能。它们能用因果推理解决复杂问题，还会将物体用作工具。它们能即兴发明捕猎或是逃避猎食者的方法，似乎还能与人类交流，就好像它们知道其他生物也有智能似的。[7]

但与此同时，章鱼又与我们相差很大。正如哲学家彼得·戈弗雷-史密斯（Peter Godfrey-Smith）在其著作《章鱼的心灵》（*Other Minds*）中所指出的那样，“遇到一只章鱼，在体验上大概最接近遇到一个拥有智力的外星人”。[8] 章鱼和我们的一个显著分别是，它们的意识器官似乎分布于全身。它们的八条腕足的每一条都可以独立于中枢大脑活动，都有着自己的神经节和神经元网络。这些腕足可能需要眼睛的引导来完成任务，但是腕足内的信息加工却似乎与脑中的信息加工脱离，甚至脱离于其他腕足。从某些方面看，章鱼有几个大脑。像这样一种动物，超过一半的认知活动都在肢体中发生，并可能拥有多个意识——我们要怎么才能想象成为它是什么感觉？

电影人克雷格·福斯特（Craig Foster）在探索章鱼的内心世界方面比任何人走得都远，2020年他根据自己的经历拍摄了一部电影。《我的章鱼老师》（*My Octopus Teacher*）记录了福斯特在一年时间里去南非开普敦附近福尔斯湾的海藻林中拜访一只普通章鱼的故事。他的探访远远超越了动物摄像机和录音设备，只带一副脚蹼和一根呼吸管就投入了那只雌性章鱼的世界，他几乎每天与她接触，直到她短暂的一生终结。如果有什么举动能让我们像丘奇兰德提议的那样，转变自己的参照系，进入一种迥异动物的精神世界，那么最有力的做法，或许就是和这种动物发展出亲密关系。福斯特形容自己“在内心像一只章鱼般思考”，他和章鱼的互动远远超过对对方的活动和行为的观察，而是发展出了连绵不绝的共同体验。这种心灵的相会发生在她的水生环境，而非他的陆地环境：只有真正进入对方的世界，福斯特才可能了解这只章鱼。

说到理解一只拥有分散式智能的智慧海兽的体验，克雷格·福斯特是所有人类中走得最远的。我们也许可以从他身为人类与头足类交心的做法中得到一些启发。在许多方面，章鱼的复数大脑和流体静力学形态都和一株藤本植物的流畅躯体没有太大不同，藤本的意识也分散在身体各个部位。就像章鱼能靠迥异于哺乳动物的神经系统执行许多可被视为“有意识”的功能一样，植物或许也能倚仗第四章中详述的那套“植物的神经系统”发挥相似的认知功能。章鱼长有神经节的腕足，与有意探入空中的藤本植物的卷须不乏相似之处。要想转变知觉、校正自己理解异类生物意识体验的思维框架，我们也必须踏入植物世界，像克雷格·福斯特那样关怀其中的个体。因为植物绝不是毫无分别的一团绿色。

图 7–1　章鱼的腕足与藤本植物的卷须不乏相似之处

藤本的习惯

如果我们接受了上述观点，即章鱼的分散型意识（diffused consciousness）无异于藤本植物的延展型意识（extended awareness），我们就多了一条通向理解这些生物如何体验世界的想象路径。我在藤本的世界里花了不少工夫，虽然不是每次都在它们的自然生境中。藤本因为奇特的生活方式，成了人类理解植物体验的绝佳目标。只要看到它们生长和移动的方式，你就立刻会知道它们在干什么，就好像它们的形态已经绘出了它们的体验。其中的一个原因是它们有着迫切的目标：找到支撑物并爬上去，在野外，这个支撑物往往是像一棵树那样的大型植物。它们会运用各种策略寻访潜在的宿主。有的用纯机械的方法，回旋转头寻找目标，一经接触就缠到支撑物身上。有的会探测宿主排入空气的化合物，然后径直生长过去。也有的会分辨不同的光照颜色，或是伸向附近的阴影，因为那些都意味着可能有支撑物存在。

在《攀缘植物的运动和习惯》中，达尔文思考了为什么藤本植物的天性是如此多样：

植物演化出攀缘能力，似乎是为了接触光线，并将叶子的大块表面暴露在光线和自由流通的空气之中。藤本植物只要支出很少的有组织物质就能做到这一点，而与之相比，乔木却要用粗大的树干支撑一簇沉重的树枝。因此，全世界才会有这么多的攀缘植物，分属于这么多的目。

攀缘植物里分出许多不同的谱系，每一种都在其个体处境当中，使用不同的工具努力钻系统的空子。比如菟丝子就特别热衷于寻找合适的宿主。因为本身没有叶绿素，这种寄生性藤本无法自己生产食物。对它们来说，别的植物不单是支撑物，也是猎物。菟丝子的纤细卷须四下移动，用一种特殊的能力在环境中采样。菟丝子想要寄生的植物会产生许多种经空气传播的化合物，比如乙烯，菟丝子能对它们展开分析。这些化学物质提供了宝贵的线索，指向宿主的所在。[9]

用延时摄像记录一株菟丝子，你会清楚地看到它是如何有意地追踪这些化学踪迹的，这与觅食的工蚁追寻其他蚂蚁的踪迹并无二致。当菟丝子生长到目标附近，比如它刚刚闻出气味的一株西红柿，它的运动模式就会变化，从原本弯弯绕绕的试探式生长，变成向着目标径直伸去。一旦抓紧目标，菟丝子便将自己缠到它的茎上，刺穿它的维管系统，吸吮里面的养料。如果说之前的菟丝子是一位品酒师，采集并分析着由周围的化学物质调成的一杯精致鸡尾酒，那么这时的它就变成一只行动缓慢的吸血鬼了。

在还是一株幼苗的时候，菟丝子就能分辨不同种植物散发的化学物质，知道哪些养料充足，哪些已经衰弱。它不需要嗅觉系统帮忙就能做到这一点，它还能自行选择方向，并设定以何种速度向着首选目标生长。事实上，幼苗本身储存的能量很少，不尽快找到目标就会死亡。如果菟丝子发现前方的宿主品质太低，并感应到附近有另外一株更可口的，它就会转而向着更可口的选项生长。在西红柿和小麦之间，它总会选择西红柿，并以快得多的速度向它生长。如果只剩下小麦这一个选项，菟丝子在朝它生长时就会显得无精打采：速度慢了，卷须也少了。不过，这似乎也是小麦对菟丝子要的一个花招：小麦会生产一种西红柿在营养窘迫、无法供养寄生者时散发的物质，自己就躲在这种难闻的气息后面。当菟丝子探索周边、一边生长一边收集四下潜在的宿主的气味时，小麦用化学物质玩起了捉迷藏，它打造了一张挥发性的面具，以此使自己免受伤害。[10]

空气中的化学信息不是藤本植物关注的唯一焦点。研究发现还有一种热带攀缘植物巨叶龟背竹（*Monstera gigantea*），其幼苗在生长初期会被较暗的形状所吸引。这一习惯被称为“向暗性”（skototropism）[11]，这乍一看似乎违背常识，其实对森林攀缘植物来说却十分合理，因为它们想要攀缘的树干就是深色的。一待攀到高处，这些攀缘植物又会变得向往光明，并开始给自己装点叶片以启动光合作用。在森林里，不同的藤本物种似乎都和特定的乔木结了对子，它们的选择不是随机的。它们的搜寻或许还有更复杂的原理，不单是依靠阴影判断某处有高耸的物体。除了这种龟背竹，别的攀缘物种可能也对色彩有所偏好。在一项实验中，研究者让牵牛花（*Ipomoea hederacea*）从不同颜色的立柱中选择。[12] 它们似乎对黑色最没兴趣。这些植物主要选择在绿色和黄色立柱上攀缘，也有的选了红色和蓝色。但它们选择最多的还是玉米植株，而非带有颜色的立柱。

这种在颜色之间做出细致区分、从环境中发现机会的能力，对藤本植物而言是攸关生死的一项本事。虽然开枝散叶似乎是一种缓慢的移动方式，回旋转头运动也慢得不能被眼睛看见，但是藤本植物主动寻找目标的行为，仍可被比拟为动物追捕猎物。20 世纪 60 年代，有人用达尔文的玻璃板技法开展研究，揭示了藤本植物的复杂运动模式。[13] 图 7–2 描绘了在西番莲的生长中，它的卷须是如何追踪放在不同位置的支撑物的。在 8 小时不到的时间里，卷须反复改变姿态，追踪着转移到三个不同位置的支撑物。这种灌木不但认清了支撑物并积极向它靠近，还能在支撑物移动时追赶上去。这并不奇怪。无法攀到高处的藤本本来就难以活过幼苗阶段，也不太可能留下后代。因此它们自然不会随意乱甩，仅凭运气寻找支撑物。它们肯定会主动选择。在一个充满激烈竞争且不断变化的复杂环境之中，从众或许不是成功的生存方式。你得有独特的生存之道，才能在竞争中脱颖而出。[14]

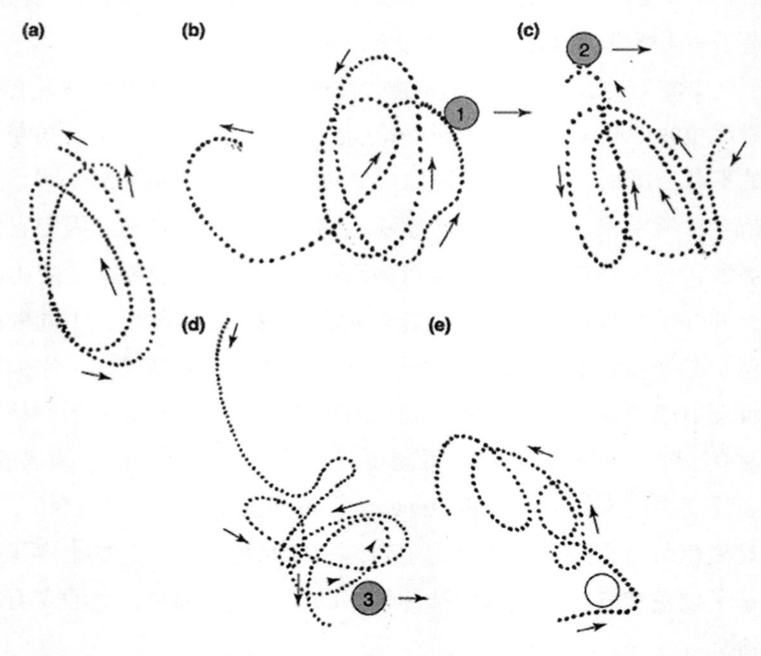

图 7–2　西番莲的卷须反复改变姿态，追踪被放在不同位置的支撑物

创造意义

要理解植物的体验并不简单，不过我们也完全有理由认为，自己或许可以着手为它绘出一幅草图了。你肯定无法想象身为任何一种植物的感觉，你只能每次想象身为某一种植物的感觉。植物展现了无比丰富的复杂行为，即使在同样的环境下，某种植物的内部状态也未必次次相同。随着时间的推移，某一株植物的行为可能出现许多变化。这种多样性引出了问题：是什么内部状态在驱使这些不同的行为？它们可以被归结为具有高度个体性的主观状态吗？

眼下，植物科学正试着全面描绘植物行为在细胞和亚细胞层面上的细节。一个关于植物如何反应的扎实模型也正在建构之中。[15] 但是这些都无法告诉我们植物的主观体验，就像拍摄延时录像并不能使我们真正了解一株藤本沿着杆子向上生长是什么感觉，它只是让藤本的行为被人眼觉察到了而已。在植物生理学家详细描述那些基本过程与机制的同时，我们也必须探究植物作为整体在环境中的表现，我们在上一章已经开始做这件事了。说起来矛盾：要想明白植物的内部世界，我们就必须专心研究它们与外部环境的相互作用。

似乎只有这样，才能像林肯·泰兹警示我们的那样，避免“对数据的过度解读、目的论、拟人化、哲学化以及不着边际的瞎想”。着眼于行为发生的自然环境，意味着认知不是植物（甚至动物）天生就有的东西，而是生物在和环境的互动中产生的。要思考的不是生物内部在发生什么，而是生物如何与环境相匹配，因为那才是体验的来源。植物必须理解环境，在行为上也要适应环境。相比于游走的动物，生根植物柔韧的躯体尤其需要如此。植物会根据环境调整自己的形态和体验，这是动物没法做到的。只要仔细观察它们如何做这些事，我们就能明白它们为何要这么做了。

在生物学和符号学之间有一片有趣的交叉领域，叫作“生物符号学”（biosemiotics），它研究的是生命与信息创造过程之间的密切关系。[16] 这门学科认定生物的基本活动是“创造意义”。行为的目的就是从世界上收集意义，这个目的遍布于整棵生命树之中，就连最简单的生物也不例外。大肠杆菌这样的细菌也会与环境交换一种分子语言，以帮助自身决定什么地方可以移动，什么地方应当避免。有预示着好东西的化学踪迹它们就游过去，对可能有毒的它们就匆匆躲开，必要时还会在不同的选项之间进行权衡。原生生物界里有一种单细胞生物叫“喇叭虫”（*Stentor*），20 世纪初有人对它做了研究，[17] 结果显示，就连它也不是一部预置了各种反应的原始自动机。延时摄影显示，它对不喜欢的事物能做出一系列不同的反应——从简单的屈身和休息，到使用纤毛，或使出其他复杂的招数。喇叭虫似乎也会收集环境信息、试着做出反应，并查看反应的效果，如果无效就再试别的。就像我们的藤本植物，它是会选择的，不是一受刺激就只会做出跳膝反应。[18]

从生物符号学出发自然会得出一个推论，那就是每个生物体都存在于它自己的特殊世界之中。构成这个世界的是生物体与周围环境的独特对话：它对环境知道些什么，又因此选择做些什么。每种生物体都与环境进行着特殊对话，对话的内容取决于它需要什么，感知到了什么，并可能做出怎样的行为。这一概念被称为“环境界”（umwelt），个体就是这个世界的中心。[19] 如果连单细胞生物体都能创造出各自充满意义的主观世界，那么复杂巧妙到令人难以置信的植物一定也能够。

当然，这个世界的形成一定是千差万别的。植物是多细胞而非单细胞生物，它们自己生产食物而不是游走觅食，但是在它们身上，生物符号学的核心原则仍然成立。于是 20 世纪 80 年代又有人提出了“植物符号学”（phytosemiotics）的概念，专指与植物有关的符号研究。[20] 符号学理论还需要经过许多发展，才能顺利地将植物包含在内，这项工作目前正在进行。眼下我们只要知道，创造一个丰富而特殊的环境界，对一个生物体的生存能力是有绝对必要的。每个生物体都是自己这出生存戏剧的主人公（其中一些是微观的迷你剧），它们摆开自己在演化中获得的那套工具，运用其中的感觉能力和行为，与周围活跃或静态的世界相交流。一株藤本植物，不光是运用演化中获得的感知力对环境中的化学物质、黑暗形状或有形物体做出反应，它还在从环境中创造意义，并决定在自己的各种潜在行为中采取哪一种。创造一个环境界，对植物能否成功应对生活中遭遇的各种事物至关重要。

像动物的植物

为了这项研究，我们还可以借鉴一些动物研究。动物行为学（ethology）将生物体和环境的紧密关系视作它最重要的前提。在今天看来这已经是一个不言而喻的观念，但这一认识正是卡尔·洛仑茨（Karl Lorenz）、尼科·廷贝亨（Niko Tinbergen）和珍·古道尔（Jane Goodall）等动物行为学家的研究所普及的。他们几位指出，许多动物的认知系统和社会系统都比我们之前认为的要复杂得多，并且动物也能感受快乐和痛苦。古道尔在坦桑尼亚的刚贝河国家公园和野生黑猩猩共同生活了五十年。她比大多数人都更清楚，理解一种动物的行为不可能脱离它的环境。她也因此做出了真正启迪人心的发现。然而，她和另外两位动物行为学的巨星，研究大猩猩的黛安·弗西（Dian Fossey）和研究红毛猩猩的碧露蒂·高蒂卡丝（Biruté Galdikas）都受到了指责，说她们把猩猩描绘得太像人了。[21]到后来，大家才接受了共情对理解其他动物内心世界的重要作用，否认这一点等于刻意遗漏关键信息。就像保罗·丘奇兰德暗示的那样，我们必须在想象中将自己代入不同的框架，就像我们在人际交往中要设身处地为他人着想一样。

这种生态心理学包含了许多研究植物行为的有用观念。我们可以把植物想象成动物来应用生态学概念，只要不走得太远就行。生态心理学的一条主要原则，是动物能够感知“可供性”（affordance）——这是我们的朋友吉布森自创的一个名词。虽然它真的很拗口，但暂时还没人想出更好的说法来。吉布森是这么定义它的：

> 环境的可供性就是环境可以给予动物的东西，这些东西可能好也可能坏。其动词形式“提供”可以在字典里查到，名词“可供性”就找不到了。这是我自创的说法。我用它同时指代环境和动物双方，现成的任何名词都没有这样的用法。其中包含了动物和环境的互补性。[22]

环境提供了互动的可能或是“行为的机会”。我们可以说，是动物的直接环境提供了可以采取行动的资源，动物也时时在留意这些机会。动物会寻找能摸、能踢、能爬、能抓的东西。不同的主体会觉察到不同的可供性，因为它们的身体、行为和需求本就存在差异。家中的一段楼梯提供给了我和我的幼子不同的互动可能（这里可以称为“可爬性”），因为我的腿比他的长。我们会和楼梯做出不同的互动。我能够快速地大步跨上楼梯，他却需要像登山似的，四肢着地，一步接一步费力地攀爬。在他看来，我的手臂或许是一条通向二楼的诱人捷径。

想要具体了解可供性到底是什么，它在不同物种之间又有何种差异，可以参考下面的插图，它展示了不同的生物体面对一个物体，比如一块石头，会有多么悬殊的知觉。对于一个成年人类，石头的可供性或许是投掷，对于一只老鼠或许是躲藏，对于一只猫则可能是掩藏猎物。

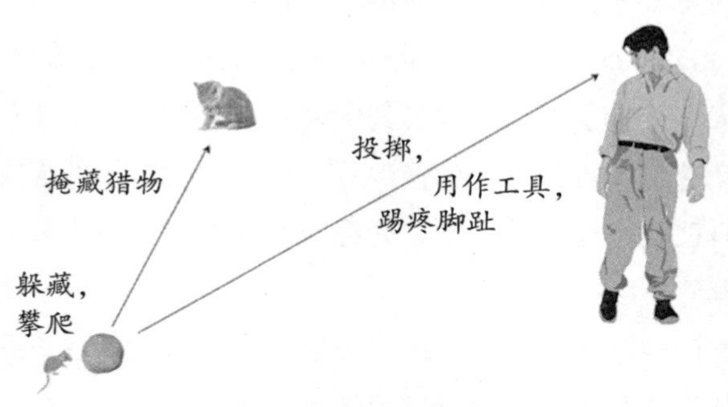

图 7–3　人类、老鼠和猫面对同一块石头

植物也会从如何利用的角度来认识它们的环境。对一株藤本来说，一个支撑物可以供它攀爬，而将支撑物放在那里的人类或许认为它是什么有

用结构的一部分；对一只蝴蝶来说，它又是一个理想的栖息场所。生物体感知一个物体是看它和自己有什么关系。它们看的是这个物体呈现的可能性。一个人、一只猫和一只老鼠，看到的都不是一块石头，而是一个“可供利用的对象”。一株藤本感知到的也不是一根杆子，而是沿着它攀爬的可能。这些生物体所觉察的不是物体本身，而是物体呈现的各种可能性。

一种可供性只对一个主体成立。藤本演化出了在周围环境中发现攀爬可能性的眼光。要是它觉得一个潜在的支撑物太粗而无法有效地攀爬，它甚至可能就此放弃，不再大费周章地攀登那根爬不上去的柱子，而是自己缠绕两圈了事。非藤本植物则根本意识不到这样的可供性，就像老鼠意识不到一块人类拳头大小的石头还能投掷一样。事实上，菜豆能知觉到杆子的可供性，但不是所有杆子都可以供它们缠绕，只有特定粗细的才行（图 7–4）。藤本的大小、卷须的类型、支撑物表面的质地，这些都是等式中的变量。真正重要的不是生物体内部在发生什么，而是生物体和环境之间的匹配。

图 7–4　藤本植物能在周围环境中发现攀爬的可能性

调对频道

虽然我们一直用电脑比喻来理解脑中的加工过程，但或许另外一种技术才更能使我们精确地理解体验是如何从可供性中创造出来的。吉布森提出了一个“谐振模型”（resonance model），即用无线电发射和接收装置的关系来比喻生物体和环境的匹配。[23]无线电波从一个站点发出时会用到一种特定的载波。它汇集了特定的波长、幅度和其他特征，和其他任何站点使用的载波都不相同。接下来是对这个信号进行“调制”，也就是将它转换成可传输的信息，再通过天线发射到空中去。这个信号中包含了关于源头的信息，就像将不同的石子丢入水中，水会根据它们的大小、形状和投掷方式生成不同的涟漪一样。一个脚步激起的声音、一块树皮反射的光线抑或一株西红柿散发的化学物质，都会从源头向外扩散，并随着扩散的距离增加而减弱。

在另一头，接收天线会捕获这些信号，但前提是它们要根据载波的特征“调对频道”。信号必须和接收天线谐振才行。[24]信号由反射它的表面或物体进行调制，使信号落在接收天线能够捕获的信号范围之内或之外。这个范围是由演化史决定的。[25]感觉器官好比接收天线，可以接收特定类型的信号。不同物种的眼睛只对光谱的特定波段敏感。我们只能看到光谱中波长从380到700纳米的一小段。有的物种则能看见紫外光或红外光段。

以光线携带的信息为例。我们眼睛的构造类似相机，它们用视网膜制造一个图像，然后交给大脑加工。有些动物的眼睛有眼房（chamber）。还有些动物（比如昆虫），它们的视觉原理和我们的完全不同，它们用的是复眼。植物也能“看见”，途径是觉察光线，并比较不同方向的光线亮度，它们不必使用成像器官。[26]捕获信号的方法有很多。藤本将卷须伸到空中探索，像接收天线一般收集周围世界的信息。

有些信号极为重要，以至于被演化刻入了基因。人类和植物对重力的方向都很敏感。[27]我们能辨别一个声音的来源或周边视野中一串突然的动作的方向。植物能感觉土壤的湿度或者光线照来的方向。但是要调到其他频率，就必须积极寻找甚至学习了。我们可能要费点功夫，才能做到一碰某个物体就说出它的温度或表面质地。我们要经过学习，才能在骑自行车时保持平衡、在开车时凭直觉判断速度。植物或许要用根系在土壤中推进一番，才能读出不同方向的营养梯度，或是用嫩芽打几个转，才能找到一个支撑物的牢固触点。从这个角度思考认知，它就不那么像是一个类似电脑的记忆库了，而更像是一串与环境动态而连续的相互作用，这种相互作用会塑造信号接收器，也会塑造那些生物体对其敏感且可获得的信号。植物在环境中的生长是一种目标导向的探索，它的目标是找到意义以及环境提供的种种机会，并加以权衡，做出相应的追求。

植物的性格

每一株植物的体验，都是由它的特殊形态和环境中的机会的紧密互动所塑造的。每个植物个体都会创造自己的环境界。一株植物的体验不同于另外一株。这种差异是双向的：同样处境下，一株植物的行为也不同于另外一株。我们才刚刚开始觉察这种分别。如果将以上各点综合起来，那么植物似乎也有某种可以称为“性格”的东西。把“性格”这个词用到非人的生物上有点别扭。但是我们在理解个体差异的时候，这已经是最贴近的概念了。这个词语的正确与否不会减损一个事实：它代表了一个宝贵的核心概念，使我们能由此出发更加深入地探索。

即便是其他动物也有个性，或者说也会在时间中表现出一贯的行为差异，这在目前仍是一个新鲜的观念。更麻烦的是，我们无法对它们开展迈尔斯 - 布里格斯测试（Myers-Briggs test）来揭示它们的性格特质。但有的研究者一心想要证明动物确实有个性，虽然他们缺乏正规框架。加州大学的一支团队用镜子和陷阱对加利福尼亚金背黄鼠开展了一系列性格测试。他们发现，有的黄鼠比较顽强积极，它们四处闯荡寻找栖息处，普遍能够充分利用环境；另一些则比较害羞内向，在需要解决问题或是冲突时，它们应对得也比较差。[28] 2021 年，怀俄明大学的研究者又用棉花糖作为奖赏，引诱亚洲象和非洲象参与了性格测试。他们给大象布置了常被用于灵长类的“陷阱 - 管子任务”（trap-tube task），又另外开展了一系列测试，以研究它们学习这些任务的速度是否与叛逆、好交际或攻击性等性格特质有关。研究发现，攻击性和积极的态度有助于解决任务，但并不影响学习本身。[29]这类研究指出了个性具有重要的生态学意义：长时间表现出不同的行为倾向或许会显著影响生物个体的生存品质。

意料之中的是，很少有人注意到植物可能也有性格。但眼下我们已经开始探索这种可能了。有些植物，如含羞草，比其他的容易解读。比如，不同的含羞草植株似乎对危险信号各有独特的反应。一项研究测算了大量含羞草面对危险时卷起叶片的时间。研究者给这个卷曲时间起了一个相当亲切的名字，叫“躲藏时间”（hiding time）。结果显示不同的含羞草在躲藏的时间上也有非常不同的个体偏好。实验中，这些植株被放进不同的环境，以观察它们是否像动物一样，会在面临压力时做出和平时不同的风险评估。比如，很长时间没有照射到太阳的植株，在出现危险迹象时只会“躲藏”很短时间。它们已经太久没有用光合作用生产充足的食物了，只能冒着被吃掉的风险出来露露头了。而吸收了充足阳光的植株会卷曲得长久得多——它们储备的能量充足，有小心翼翼的资本。研究者总结，植株的状态能够解释它们在躲藏时间上的大部分差异。而剩下的差异就要用个体偏好来解释了。[30]

一部分最显著的个性差别出现在人类驯养的物种中间。比较一只为摆脱猎食者登上陡峭岩壁的山羊和一只在草地上呆呆吃草的绵羊，你立刻会看出这个差别来。这种差别可以在很短的时间内形成：我们在 3.3 万年间将狼驯养成了狗，使它们的体格和行为都变得适于陪伴人类。20 世纪 50 年代，苏联动物学家德米特里 · 别利亚耶夫（Dmitry Belyaev）用银狐做了一个实验，只过了大约 40 代就使它们发生了显著变化。通过选择性繁殖最温驯的个体，他在银狐身上培育出了类似家犬的垂耳外表和喜爱社交的性格。[31]同样，自从人类在 1 万年前组成定居社区至今，我们也将植物培育成了食物、原料和饰品。以园艺师的大岩桐为例。我们培育这种植物已经超过 200 年，它在这段时间内经历了一种自相矛盾的变化：它的遗传变异性减少了，外表上的多样性却变得极为丰富惊人。大岩桐的基因组相对较小，如今却出落得五彩斑斓、千姿百态，不亚于我们已经培育了2000年的金鱼草。[32]

前言中提到，我在毛里求斯搜寻的野生藤本都没有为了人类的利益而被改变。人工培育对藤本效果显著，它们不仅会长出更好的果实和花朵供人享用，茎上的分枝点也会越来越近，它们还会变得懒洋洋的，不如原来那样机警。这些植物其实已经长成了侏儒，它们觉察到的可供性也因此和野生的亲戚不同了。相比于那些野生祖先，它们已经失去了广泛生长的能力，也无法高效地寻找支撑物了。有的还会失去原本存在于野生植株的根系之中的用来攫取重要养料的复杂微生物群。

但这根本算不上什么问题，因为它们的嫩芽一旦破土，人类就会给它们架好攀缘所需的杆子与格子，而且就架在它们出土的位置边上，很方便。它们还会得到肥料和其他土壤增强剂，以弥补根系共生菌的丧失。这些变化会使它们变得更加容易栽培和收割，但是它们再要到野外去生存就难了。我们在MINT实验室里使用的是人类培育的菜豆，因此我们也需要观察野生的菜豆，看它们是怎样充满闯劲，怎么回旋出一个大圈子来。对家养藤本的延时摄影已经这么精彩了，想想对野生藤本的延时摄影会拍到什么不得了的景象。有的家养植物的确能回到野外。它们发生了野化，重新找回了野生祖先的一些生长模式和特征，不过在驯养过程中发生的遗传变化倒并没有跟着逆转过来。它们是新的、独特的品种，有些在逃跑时带上了人工改造的基因，连杀虫剂都杀不死它们。这些坚强的品系摆脱了人类引导的人工选择，投身到自然选择里去碰运气。它们有着作为全新品种的独特体验，作为人类选育的产物，到外面的世界接受考验去了。[33]

亲近人类

1991年在伦敦皇家学会的一次演讲中，理查德·道金斯描述了一幅

“紫外线花园”的景象，从人工栽培的观赏植物和它们的授粉者之间的互动来观察这座花园。我们或许以为栽种这些美丽的花朵只是为了娱乐自身，纯粹是满足人类对花的喜爱，但其实花的历史比人漫长得多，我们是最近才加入的。我们已经探讨过花与授粉者之间的交流。然而它们的大多数对话都发生在紫外波段，无法为我们所觉察。花朵会布下紫外标记，引导对紫外线敏感的授粉者飞入花朵内部。双方对这段关系各有看法：蜜蜂看到的是有地方着陆的可供性，花朵看到的则是一群“可以从一朵花向另一朵花发射花粉的导弹”。通过对这两种可供性的利用，双方在漫长的演化中塑造了彼此。就像道金斯总结的那样：

花朵在利用蜜蜂，蜜蜂也利用花朵。这段关系中，双方都在被对方塑造着。在某种程度上，双方都为对方所驯化、栽培了。这座紫外线花园是一座双向的花园。蜜蜂为自身的目的培育了花朵。花朵也为自身的目的培育了蜜蜂。

我们不能自大地认为，人类就能超脱于这样的双向培育之外。即便认为自己是在单方面驯化植物，也是掉回了我们平常的人类中心主义心态。这样的思维习惯确实很难避免。想想那些我们的农业特别关注的植物，它们被传播到世界各地，被栽培在精心开垦的土地上，隔绝了害虫，被高价硝酸盐化肥浇灌，其他植物竞争者也都被除草剂赶走。现代小麦或玉米品种和它们茁壮的野生祖先相比可谓相当成功。它们或许已经变得自大而愚蠢了，但它们有资格变成这样。因为有人类照顾者在守护它们的利益。但或许，其实我们也在被它们培育。

我们可以认为自己不是这段关系中的唯一行动者。也许那些植物是自愿被驯化的，因为这条路上有着舒适的生活和难以想象的繁殖机会。比如它们有一种性状，即会结出我们爱吃的多汁的果实，这最初其实是一块谈判的筹码，好让动物帮着它们繁殖：“我给你点营养，只要你把我的种子带到远处播下，并用一堆营养丰富的肥料帮幼苗成长。”植物用鲜美的果实引我们上钩，让我们照料它们、栽种它们，为它们培育出更大、更鲜美的果实。最近一项研究显示了不同时代、不同地域的植物驯化是如何遵循相同的模式的。也许是它们可塑的形态和顺从的性情使它们轻易渗透进我们的生活，并成为人类生存的支柱。植物可说是被它们自身亲近人类的倾向所塑造的，它们充分利用了驯化带来的可供性。[34]

很少有什么植物比我们的室内盆栽植物更精通这个游戏的了。它们不仅受到人类的栽培，还得到了修剪、施肥和浇灌，并且远离了竞争者、猎食者和寄生虫。对许多在小房子里生活的城市人来说，植物替代了饲养条件更苛刻的宠物。其实仔细一想，我们这些盆栽植物的个体经历和大多数依赖光合作用的生命形式相比是相当奇特的。没有什么别的植物享受了这么多的关爱，同时又被剥夺了这么多的能动性，更不用说被限定在各自的容器里与外界隔绝了。如果我们把眼光放远一些，不只是想着给家里的植物最基本的护理使它们不死，我们或许就会想到它们作为我们的家庭成员会有怎样的体验。我们可以设身处地想象，它们的分散型意识都会捕捉到些什么：反常的化学信号、奇怪的光照模式、人工的环境地貌，当然还有我们无休止的嘈杂混乱的活动。这样一想，它们似乎更像是一位伴侣，而不仅仅是装饰了。

第八章

Chapter Eight

植物的解放

潜入植物（或者章鱼、细菌）的内心世界不仅是一项精巧的工作，它还会深深地影响我们看待世界的角度和生存方式的选择。我们之前探索了植物搜集和使用环境信息的复杂方式，它们能够做出的巧妙行为，以及它们与周围其他生物之间的复杂关系。我们也考虑了身为一株植物是什么感觉——这个问题的答案似乎太过深奥，乃至令我们感到不适。那么，我们从这一切中可以总结出什么来呢？那显然是一个相当紧迫的伦理两难。每当我向公众演讲介绍我的研究，第一批举手提问的总是那些吃素的人或严格素食者，听了我的讲话，他们的道德框架都被彻底动摇了。如果说食用植物在道德上是“安全”的，因为它们不会像动物一般感受痛苦，那么植物拥有主观体验的可能性越高，就越会颠覆人类居于伦理高地的动物中心主义思想。

上述可能还需要仔细考察，不可轻率得出结论。但有一件事我们很可能需要认真思考了，就是在对待别的动物和许多其他生命形式方面，我们到底应该持有怎样的立场。当然，也不是所有人都这样认为的。2020 年，有 MINT 实验室的坚定批评者发表了重要的反对意见，反驳了植物拥有主观体验的可能。他们的反驳包含两个方面。一方面针对综合反应（integrated response）与感觉能力（sentience）的关系，认为“为做出适应性行为而加工环境信息的能力，与对环境的主观体验是不同的两回事”，他们主张，后者必须具备一套神经元系统，这个系统还要有一个大脑那样的中枢；另一方面，植物根本没有必要演化出意识，固有的适应行为已经足以应付他们光合作用的生活方式了。他们提出，“植物没有主观意识，而是演化出了适应性行为，这些行为由自然选择通过基因所决定，也由环境因素通过表观遗传所决定”。[1]

我们欢迎这些反驳，因为它们设下了一项关键的考验，只有顺利通过，才能证明我们的观点有着充分的依据。而对于这两方面的反驳，我们都可以给出自信的答复。首先，即便脊椎动物的“意识”是由复杂的神经元系统所产生，我们也无法用客观的方式知道，主观体验不曾通过截然不同的硬件，从其他生物体中演化出来。我们没有证据可以断言，缺了大脑也就没有觉知。其次，我们对植物行为开展的研究显示，很难将它们还原成仅仅由基因和环境影响所决定的适应性行为。我们观察到的行为有着极强的目的性和灵活性，不可能是那样简单的东西。即使我们只对意识采取最基本的定义，即拥有“感受、主观状态、对事件的原始感知、包含对内部状态的感知”，我们仍无法知道植物是否有意识。但我们同样无法假定它们没有。[2]

我们或许无法像保罗·丘奇兰德鼓励的那样，对认知做出彻底的“重新校准”。我们不可能知道身为另一个人（即使是长期伴侣）、一只蝙蝠或任何其他动物是什么感觉，更不用说那些迥异的生物了。但这一点在我们思考道德含义的时候并不重要。只要植物有一点点拥有感知的可能，我们就必须考虑这种可能的道德后果。基于这种考虑，我会将一株菟丝子或菜豆类比成一个“闭锁综合征患者”，他们虽然外表是植物人状态，内心却知道在发生什么，他们有着外人无从知晓的内部状态。他们无法同周围的人们交流、传达自己的感受和需要，只能眨眼或上下移动眼球。于是外人在为他们的福利着想时，就只能完全依据自己的猜测与道德选择了。那么这些病人应该享有哪些权利？

这也是我们对植物的态度：它们的内部体验中也许包含了感受痛苦。这一点我们并不确定，它们无法对我们诉说，我们也还没有发明科学工具来发现它。但是我们需要考虑它们若真能感受痛苦该怎么办。为此，我们或许有必要重新审视关于意识来自何处的成见，以及可能跨越不同生物群体的概念。接着，我们还要决定应该珍视哪些意识类型。

情绪行为

当我们思考意识是什么、身为人类是什么感觉时，跃入我们脑海的或许都是形成抽象思维或观念的能力。但这些会不会只是盖在我们内心各种驱动力上的一块饰板？我们无法回避的一个事实，即自己的一大部分行为是由情绪驱动的：它们有的表达情绪状态，比如大笑、哭泣或是皱眉，有的无关情绪交流却同样有着情绪基础。这些“感受”（feeling）是一组代表了生理功能的精神状态，而那些生理功能往往有着特定的行为目的。因此我们可以说，情绪行为是表达内部状态的行为，而内部状态本身就是适应性的。恐惧、愤怒、喜爱等情绪都是不可或缺的驱动力，它们推动着我们与世界的相互作用，可能也推动着其他生物体与世界的交流。这股情绪动力也是我们和其他物种之间最紧密的联系。

1872 年，达尔文出版了《人和动物的感情表达》（*The Expression of the Emotions in Man and Animals*）一书，如今其实应该叫作《人和其他动物的感情表达》。在他笔下，就连“昆虫也会用摩擦音来表达愤怒、恐惧、嫉妒和爱”。所谓摩擦音，就是蟋蟀和蚱蜢之类的昆虫将外骨骼的清脆表面互相摩擦发出的刺耳歌声。无论这些声音是否真的表达了嫉妒和爱的情绪，能认识到动物行为背后的情绪力量，都和将动物视作自动机的既有观念形成了鲜明对比。达尔文在昆虫这样的“低等”动物身上，也看到了与我们的体验如此相近的情绪，以至于两者可以用同样的语言来描述。

达尔文参与了一场从 19 世纪延续至今的辩论，它的焦点是情绪和表达情绪的行为之间到底是什么关系。一直以来人们都有一个疑问，即情绪是否只出现在人类大脑的构造以及人类的行为之中。[3] 达尔文和其他几位科学家率先思考了“感受”在演化上的重要性，认为它们不仅是分辨人与非人的一种抽象特征。达尔文主张，情绪和情绪行为的演化是有充分的理由的。它们使动物在面对危险环境提出的要求时，能迅速做出优先决策。我们或许将情绪视作非理性的驱动力，但老话“相信你的直觉”还是很有价值。有时，情绪，或者说主观的内在体验，能够以理性和逻辑无法做到的方式驱动复杂行为。

感觉疼痛

达尔文的观点不仅使我们能考虑其他物种的情绪，它还辟出了一条重要的研究路径。珍妮·古道尔等动物行为学家在 20 世纪的研究已经明确表明，人类以外的动物也能感到快乐和痛苦，并能在它们复杂的社会结构中开展情绪交流。他们的研究提出了一些艰难的问题，比如我们应该花多少心思考察其他哺乳动物的苦难，特别是像类人猿这样和我们差别不大的哺乳动物。许多这类辩论都是围绕疼痛的施加而展开的，其中“疼痛”可以被定义为一种负面的、会激起厌恶反应的感觉。[4] 而在任何合理的道德框架内，疼痛的施加都应该控制在最低限度。但其他动物是否也能感受疼痛，这个问题一直是激烈辩论的焦点。

1975 年，澳大利亚哲学家彼得·辛格（Peter Singer）写了一部关于动物待遇的伦理学著作，现在已经成了经典，叫《动物解放》（*Animal Liberation*）。[5] 他在书中大量引用古道尔等动物行为学家的研究，并提出有三个理由支持人类以外的动物也能感到疼痛这一论断。首先，动物在可能引发疼痛的场合会表现出各种行为。其次，动物拥有复杂的神经系统，因而能感知并对疼痛做出反应。最后，从演化的角度看，疼痛作为损伤或危险的指标，用处极大。辛格在他的主张中明确排除了植物，认为“这些理由没有一个能让我们相信植物也有痛感”。我对他这样排除并不认同：植物也有积极回避的行为；植物也有“类神经”的系统，能协调起全身反应；

相对于能够逃跑的生物，疼痛在长根生物的演化史中同样有用处。

不过，我们还是先在演化之树上下降一层，看看这些关于痛觉体验的假定还能否成立。比如，鱼类在对有害刺激做出反应时，是否就感觉不到疼痛？许多人排斥狩猎却能心安理得地钓鱼，就是这个原因吗？我们怎么知道鱼类没有痛觉呢？鱼脑中有一个名为“脑皮”（pallium）的区域，在演化上与哺乳动物的杏仁核以及海马体同源，也能记录恐惧和疼痛。哲学家布赖恩·基（Brian Key）主张鱼类感觉不到疼痛，因为痛觉的前提是拥有哺乳类的新皮质（neocortex），所以任何在其他神经系统中产生的体验都肯定是别的东西。基于是提出，鱼类只是表现出了我们认作痛苦的行为。一条鱼上钩后在船舱里扑腾，不过是在对缺氧做出自动反应。基还暗示，这条挣扎的鱼儿所拥有的意识，并不比廉价礼品店里那种塑料和机械做成的会唱歌的奖品鱼更多。[6] 从这个假定得出的推论真的太好用了，从此人类又可以问心无愧地吃鱼了。

基的主张呼应了笛卡儿的论断，我们在第五章稍微提过那个，即人类以外的生物缺乏灵魂和智力，不过都是机器。有了这个假设撑腰，笛卡儿和追随者们对狗开展了可怕的活体解剖实验，还用钉子钉进它们的爪子固定。你可能要问：“人怎么能这么残忍呢？”答案就是：这些人已经对动物的疼痛表现麻木不仁，因为他们相信动物只是自动机而已。其中的残忍且不说它，笛卡儿主义者们对智力的看重，竟使他们的举止如同没有感情的魔鬼，实在也够讽刺的。不过话说回来，我们许多人因为哺乳类和鸟类在集约农业下遭受苦难而不吃它们，同时又能快乐地吃下在拖网中窒息而死的鱼，似乎也不比前人高明多少。

在笛卡儿及其追随者之后很久，对非人生物情感的否认仍在延续。在这一点上就连理查德·道金斯都不能幸免，他虽然在演化论的推广上功劳巨大，对公众演化观念的影响当世罕有其匹，但是他也认为“一只蝙蝠就是一部机器，它的内部电路早已焊死，膜翼上的肌肉会使它自动扑向昆虫，就像没有意识的导弹扑向一架飞机。”[7] 但是，我们如果否认了其他物种痛觉的存在和重要性，就要做好被未来的世代视为野蛮人的准备。越来越多证据表明，鱼类是能够感知的。[8] 研究已经显示金鱼能够学习，其他鱼类也肯定能在意识中感知环境元素，比如物体的颜色，就像我们的那些爬杆植物一样。如果说鱼类演化出了对比如红色做出反应的能力，却没有形成对“红”的内部表征，换言之就是没有对红色的感知，那似乎很难说通。[9] 现在的问题是，关于金鱼的发现，是否也能扩展到鳕鱼、鲱鱼或金枪鱼，甚至扩展到和它们完全无关的其他类群身上？如果说人类和某些非人动物体内有复杂的神经元网络在调节行为和情绪，那么这一点或许在整个脊髓动物门内部都同样成立也未可知。[10]

不过，就算我们无法指出哺乳类和其他生物体在某种“痛觉”体验上的相似，我们仍可以将自己的关切拓展到一个更加宽泛的概念——“苦难”（suffering），这个概念或许也更容易在植物身上成立。植物的行为与情绪之间存在有趣的联系。说起来，动物的感情是由脑干调控的。在人类和其他动物身上控制情绪的许多化学物质，在植物体内也能合成或者有其对应物质，比如生长素（auxin）的化学构成，就很类似于血清素、多巴胺和肾上腺素这些神经递质。还有调节我们昼夜节律（昼夜循环控制着我们的内部时钟）的褪黑素，似乎也对植物起着同样的功效。[11] 这些物质生产成本很高，如果生产出来却不为任何目的，在演化上是说不通的。并且，我们对这些分子在植物中的功能了解越多，就越会觉得它们的功用与在动物体内相似。

这类化学物质中，有一些只在植物应激或受伤时才会生产。植物生产的许多物质都有镇痛或麻醉的功效，比如乙烯。乙烯似乎是细菌体内一种重要的应激信号，在真菌和地衣体内也是如此。它的信号跨越了演化之树上的大片枝杈。我们不清楚这些分子是否本身就是植物的止痛药，但考虑到它们是在应激环境中生产出来的，我们有理由相信它们能够减轻苦难。现在我们甚至可以使用纳米感应装置直接测量植物的应激水平。嵌在植物叶子里的碳纳米管能够侦测植物在遭受损伤或干旱时生成的乙烯和其他信号，并实时将植物的痛苦转化为图像。这些信息甚至能直接传到我们的手机上。[12]

对于植物，恰当的假说应该是它们会运用协调的生理活动来应对严苛的环境。就像动物一样，其内部状态能帮助它们设置首要事项，按照轻重缓急的顺序组织生命中的需求。从演化的角度看，能够知觉疼痛或以某种方式受苦是不可或缺的。在一个充满危险、变动不居的世界里，生物体必须能对负面事件做出反应。这些事件又必须表征为某种内部状态或感受才能激发出反应，而这些内部状态或感受就相当于某种基本的意识（sense of awareness）。

细胞层面的意识

我们之所以难以改变对意识的观点，无法将我们认为低等、简单甚至不怎么活动的生物体也囊括进来，是因为我们对意识采取了一种“自上而下”的观点。在我们看来，从人脑中翻起的智力泡沫使我们从物种中脱颖而出。但其实，我们也可以从动物和植物在分子层面的相似性扩展开去，为意识绘出一幅由情绪引导的图像——在其中，意识首先被定义为一种“知觉”（awareness）。然后，我们或许就会走上一条非常不同的道路，开始自下而上地看待意识了。我们可以将主观的知觉看作生命的一项不可或缺的特征，无论那生命是如何简单或者渺小。

18 世纪的法国哲学家朱利安·奥夫鲁瓦·德·拉美特利（Julien Offray de La Mettrie）在《人是植物》（*Man A Plant*）一书中描写了人与植物的种种连续性，他特别指出两者都拥有心灵，只是植物的心灵要“小得多”。将近 150 年后，博物学家约翰·泰勒（John Taylor）又在《植物的睿智与道德》（*The Sagacity and Morality of Plants*）中描写了达尔文、阿尔弗雷德·拉塞尔·华莱士（Alfred Russel Wallace）和其他科学家的植物研究如何暗示了植物拥有某种内在的智力或者目的。按照他的说法，这些人明白“离开了意识可能就没有生命，动物或植物都不会有！即便是最小的显微动物，虽然处在动物世界底层，仍表现出对外部环境的意识，这种意识就像它自身的结构一般简单而基本”。他还认为，这些科学家研究的“植物心理学”

或将很快创造一个新的未来，届时大家会公认“没有一种生命会绝对没有心理活动，因为后者是前者的必然结果”。[13]

纽约城市大学的认知心理学家阿瑟·雷伯（Arthur Reber）提出了一个较新的理论，在解决如何看待意识这个难题上前进了一大步。[14]他把对意识的探索完全颠倒过来，原本它是以人类为中心，慢慢向外推广并涵盖其他生命形式，现在按照雷伯的理论，它却成为一切生物不可或缺的现象。雷伯主张，意识在整个生命之树中无处不在，因为内心体验是生命的固有特征。他在《最初的心灵》（*The First Minds*）一书的前言中写道：

> 像阿米巴虫这样的单细胞物种也有心灵，虽然它们是如此渺小，也做不成什么事情；连原生动物也对周围的世界产生知觉和思索，虽然它们的思索范围有限，也无甚趣味；连细菌也会彼此交流，虽然内容简单且缺少变化；而像玫瑰喇叭虫（*Stentor roeselii*）这样固着的真核生物不单会学习，还有微小的细胞记忆，并会做出战术决策。[15]

雷伯主张，以这样的角度看待意识，就能使它在概念上连通演化生物学。意识成为某种必然会显现于细胞生物的分子细节之中的东西，从中还可能演化出了更为复杂的心灵，它不再是一个悬挂于身心问题之上的不可能被厘清的抽象现象了。

根据雷伯的理论，主观体验在细胞生物演化出来时就必然存在，它是与环境互动的必要前提。意识并不仅限于一小撮拥有大脑也拥有特权的生命体。就像他后来在一篇论文中写到的那样，“一种无法感知的生命体……将是演化上的一条末路”。[16]就连单细胞的细菌也不是单纯地“感觉”（sense）环境，它们也会“感知”（perceive）环境，并发现那些专为它们存在的效价。能在主观体验中发现一个糖分子并猜到它可能意味着有大量饲料，这是一个细菌选择向这个分子移动的关键前提；知道了接触酸性分子会产生不利后果，细菌便会远离这种危险。单细胞生物是被强烈的欲望所驱使的：要进食，要排泄，要躲避危险。它们渺小的身躯里装满了对最基本生物需求的热情。像细菌和变形虫之类的单细胞生物甚至能够学习。给细菌先喂乳糖再喂麦芽糖，细菌会迅速预期到将来的变化，由于这两种糖需要启动不同的基因才能消化，它们会在吃完乳糖之后就合成用于消化麦芽糖的酶。要是预期的麦芽糖并未被送上餐桌，它们也会将预期打消，就像巴甫洛夫的狗听到了太多次铃响而没有看到食物那样。[17] 如果连单细胞生物都能有这个本领，那么复杂的多细胞生物又会做到怎样的地步呢？

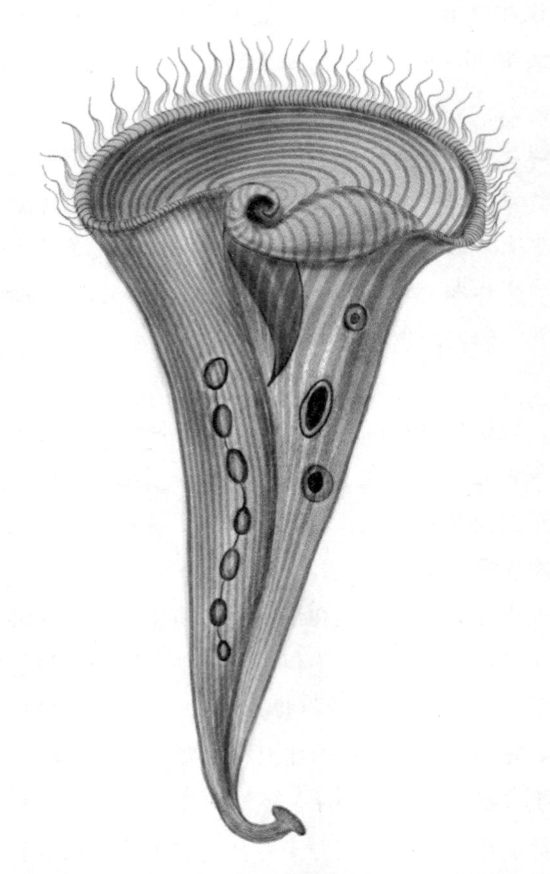

图 8–1　图中的纤毛原生动物是玫瑰喇叭虫，它广泛生存于全世界的河流与淡水水体之中。本图根据万斯 · 塔塔尔（Vance Tartar）的《喇叭虫生物学》[*The Biology of Stentor*，由帕加蒙出版社（Pergamon Press）于 1911 年出版］绘出

说来也怪，雷伯虽然提出了这样一个平等主义框架，但最初他却将植物排除在外，并将“运动能力”定为拥有“心灵和意识的生物学基础”的三大关键指标之一。另一个指标“有弹性的细胞壁”同样把植物关在了外面。从这一排除中可以看出动物中心主义的脉络埋藏得有多深。[18] 雷伯回忆了最早启发他提出这一理论的几件事：他看见一条毛毛虫在一片罗勒叶上徐徐爬行，整齐地啃掉叶边，它主动挑出了能吃的部分，而非盲目地啃噬面前的一切。雷伯由此想到，毛虫不光有心灵，还具有某种意识，只有这样它才能充分利用这个绿色环境中的复杂机会。

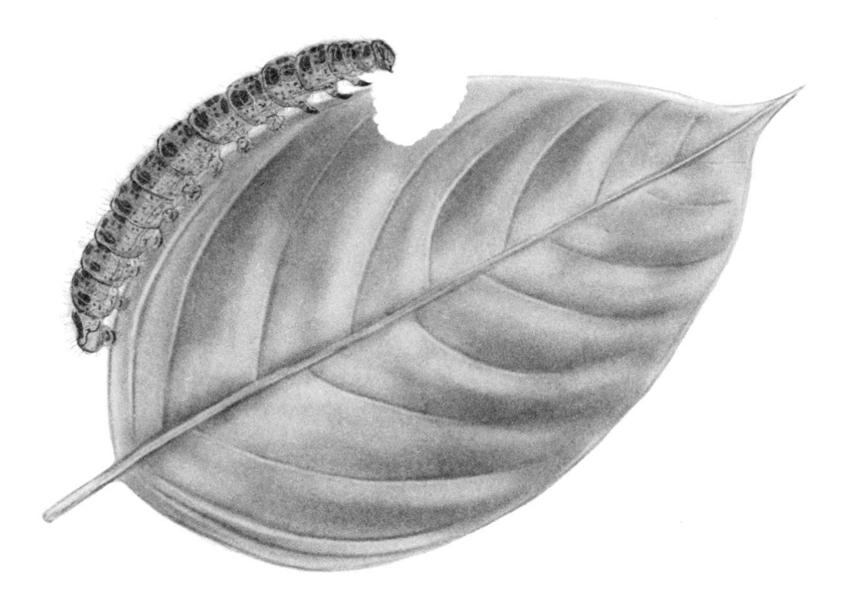

图 8–2　毛毛虫和罗勒

对此我反问雷伯，他有没有替那株罗勒想过？猎食者和猎物、寄生者和宿主，两者往往是协同演化，而非单独发展的。如果一方拥有心灵来指导进食，另一方为什么就不能拥有心灵来自卫呢？一条毛虫的啃食所引发的振动，肯定明显不同于一阵吹过的风引发的。对于那株罗勒，前者势必是一种特殊体验，这种体验以特殊的方式撼动了它的内在世界，并引发了非常特殊的反应。[19] 就像一只细菌可能对酸性分子产生非常不适的体验，一株植物在遭遇盐碱土或一只肉食动物的撕扯时，很可能也会产生相同的体验。达尔文在观察蚯蚓时产生了与雷伯相似的直觉，并把它写进了《腐殖土的形成与蚯蚓的作用》（*The Formation of Vegetable Mould Through the Action of Worms*）一书。从蚯蚓在有机质中精心选择钻洞地点的行为中，他看出“这些软虫的行为具有相当的意识，也表现出了相当的精神力量”。但同时，他在早期著作《植物的运动本领》中，却完全没有表现出雷伯那样的动物中心主义偏见。

雷伯对我的反驳沉着以对，他承认相关研究正越来越倾向于植物也有感知的可能性。他还从自己的假设出发支持了这一点：“如果意识的细胞基础模型是正确的，原核生物真的能够感知，那么根据植物在演化上晚于原核生物的事实，植物也应该保留了这种感知能力。”[20]

演化很守旧。一旦某个东西演化出来并持续发挥作用，它就不太可能丢失，即便植物的单细胞祖先在吸收更小的光合作用细胞之后又经历数百万年才发展出了较为复杂的多细胞后代，它们仍应该保留了对祖先有用的东西。但是基于同样的思路，雷伯又提出了另一个反驳意见：从代谢的角度看，感知是昂贵的，而演化厌恶浪费。他提出，植物的祖先在放弃机动性的同时，或许也将资源分配到感知以外的地方，建立了一种更加专业化的生活方式。这样一来，问题就变成了植物这样的“固着”生物体是否能充分使用意识，来让这昂贵的代价物有所值。在我看来，我们在本书中的大量论证说明了一件事：这个问题本已不该存在，而它仍然存在，只能说明我们始终无法看到植物的能动性。

证明植物的体验

我们该怎么为最小意识的存在找到一个扎实的科学基础呢？我们能否直接从内部探索植物的功能，而不是从学习和预期之类的外部迹象中得出直观的结论？我们可以想象自己置身于变形虫的细微世界或一株豌豆的卷须顶端，但那算不得什么证据，只能当作一条启发、一个引导你接近这个问题的前提。

雷伯指出了几条用遗传学方法探索细胞意识的路径。他主张那些最初“觉醒”的早期生物一定在基因组里就刻进了感知，它们的基因序列里已经有了意识机制的编码。他还猜测，利用 CRISPR（规律间隔性成簇短回文重复序列）基因编辑体系的新发展，就可以对这个问题开展研究了，这一体系源自一种细菌，它能利索地在基因组中切除或者插入基因片段。如果能确认哪些基因可能参与了意识的产生，并一个个地将它们移除后再验证效果，我们或许就能确认，是哪些基因使一个觉醒的大肠杆菌和一个痴呆的其他细菌产生分别了。[21]

另一条潜在的路径会带我们回到前言里遇见的休眠的含羞草。如果我们想要证明感知或者意识，我们或许可以反向来确认它们。细菌之类的生物体不会像哺乳类或其他拥有神经系统的动物一样“睡着”，不会有短波和 REM（快速眼动）睡眠这样的清晰阶段。但它们的确需要休息，这一点和动物，或许也和所有其他生物是一样的。从生命的劳碌中稍歇片刻，似乎是活着的一个基本特征。[22] 它所提供的时间能使生物修复细胞损伤并重启系统。对于这类周期，我们已经有了清晰的证据。能发生光合作用的单细胞生物蓝细菌（cyanobacteria）会在光暗周期的不同时段表达不同的基因，还有许多种类的细菌会用细胞机制追踪日与夜的变换。[23] 仙后水母（*Cassiopea*）会明确表现出类似睡眠的状态，这对一团漂浮的卷须来说似乎没有必要，但其实它在细胞层面上不可或缺。[24] 有一项研究观察了斑马鱼（zebrafish）在休眠时的生理变化，结果发现它们的心跳和大脑活动模式双双变慢，与哺乳类的慢波睡眠及 REM 睡眠十分相似，说明这类重启状态可能 4.5 亿多年之前就在脊椎动物中演化出来了。甚至有证据指出，城里的鱼类就像城里的人，其睡眠模式也会被生境中无处不在的灯光打乱。[25]

我们已经看到了植物对麻醉是多么敏感。此外它们还拥有昼夜节律，会被实验室中人为制造的“时差”所干扰——只要将植物关在室内开关电灯，使开关的时间与外面的天光不同步就行了。植物系统对光线变化极为敏感。2017 年 8 月 21 日，怀俄明州的一次日食使当地的主要植被三齿蒿几乎进入休眠，虽然还没到夜晚的那种深度。它们在那一天的光合输出大大降低，远超过短暂失去太阳能所造成的降幅。它们体内的时钟没有预测到那一段黑暗，但是光线的减少产生了类似调暗灯光对人脑的催眠作用。[26]我们还不知道在植物身上，这种催眠效应或者黑暗引起的倦怠背后有着怎样的机制。有人认为这可能是指向植物内在生活的重要线索。植物研究者弗兰蒂泽克·鲍卢什考和阳川宪（Ken Yokawa）主张，既然“对人类施加麻醉会导致意识的丧失”，那么植物可能也有类似的意识丧失状态。[27]也许麻醉剂不仅能夺走含羞草收拢叶子或捕蝇草忽然关闭的能力，它还能暂时关停这些植物的感知能力。

当麻醉剂生效时我们可以问一句：到底是什么被关上了？变成另一个人是什么体验，其中包含的独特细节我们是无法全部感受的。以此类推，当一株含羞草在麻醉下失去反应时，我们也无法真正知道是什么东西被关闭了。内在体验是最个体化的，正如一个生物体在环境中感知的可能性只有它自己知道一样。我们或许可以借用一个事实，即生物体可以“陷入睡眠”来创造另一种意识体验的模型。

威斯康星大学麦迪逊分校的朱利奥·托诺尼（Giulio Tononi）和克里斯托夫·科赫（Christof Koch）及其他同事一起提出了一个理论，恰好做到了这一点。①他们称之为“整合信息理论”（Integrated Information Theory，简称 IIT），这个理论的基础是主观体验包含了各种相互交织难以分解的关键特性。[28]它对它所属的个体来说独一无二，也只在这个个体中方能存在。它由不同的部分（声音、图像、触感）组成，只有这些部分一同出现时才成立。比如，在一个晴朗的天气里观察一条毛虫爬在一片罗勒叶上，感受轻风拂过皮肤，这个体验里只要少了一个元素就会和原来不同。你正在阅读的这一本书，字母形状、纸张颜色、书本在你指间的触感、字句的意思、你读书时周围的声音，全都紧密联结成了一个单一的体验。其中一旦有什

①科赫在西雅图运营艾伦脑科学研究所（Allen Institute for Brain Science）。

么变了，这个体验便就此终止，变成另外一个。

在 IIT 看来，意识是能将这些不同方面整合起来的各个系统运行的结果。这些系统使得整个体验超越了其部分之和。系统越是复杂，它就越是能将各元素整合为一个统一整体，并且这个整体是无法被还原为各个部分的。因此，这股整合的力量、将信息合成为独特整体的力量，就成为衡量意识的一个指标。IIT 虽然是在神经科学的领域内提出的，但它的前提和推论未必都要围绕神经展开。无论我们谈论的是神经元网络还是别的东西，这个理论都可以成立。那东西可以是硅片、神经元、单细胞膜、韧皮部组织：任何系统，只要能将输入转化为连贯的内在体验，都能创造出某个层面的意识。[29] 不光是这样，为不同系统中产生的意识制定一个衡量标准，还能让我们在灵长类大脑之外的意识研究踏出切实一步。如果我们能测量整合，以客观的方法产生主观体验，我们就不必只着重于对大脑活动的测量了。

放和收

我们已经在着手为 IIT 研究开发一个面向植物界的分支，我们给它起了个名字叫“植物 ITT”，并用它预测了一些我们可能发现的东西。在动物身上，产生意识的很可能是大脑和神经节所包含的神经电活动。而在植物身上，维管细胞构成相互连接的延绵的束，也有着类似神经的功能。[30] 不同的植物物种和植物个体在感知水平上多半也有极大的差异——毕竟 IIT 一开始就设定了体验是独有的。植物 IIT 或许是我们开始筛选这些差异的一种方法。

这个起始点提供了探索植物意识的几种方法。如果维管系统真的在协调植物的意识，那么追踪维管组织的变动状态，或许就能揭示它的一些工作机制。磁共振成像（MRI）或正电子发射体层摄影（Positron Emission Tomography，简称 PET）都被用来为人类和其他动物绘出神经系统的实时图像，它们也可以加以改造，用来绘出植物维管系统的振荡。[31] 植物 PET、植物 MRI 和其他无创技术将向我们揭示这些维管系统是如何在植物体内运作并且相互作用的，它们或许还能呈现原本不可见的、如动物神经系统那样的组织层级。我们还可以验证麻醉的效果如何在维管系统的运作方式中显现。如果麻醉剂瓦解了这些网络的整合能力，我们就能看到体验的暂时中断。这项研究会指出一条线索，告诉我们植物意识可能有着怎样的结构。我们要做的只是制造专门的设备来开展这项研究。

朱利奥·托诺尼和他的同事马尔切洛·马西米尼（Marcello Massimini，如今在意大利的米兰大学工作）共同在 21 世纪初发明了一种方法，如今它已经成为探测意识的黄金标准。[32] 它有一个相当轻快的名字叫“放和收”（zap and zip），但它的发现却是启迪人心的，有时也令人深感悲伤。其中“放”（zap）指的是通过紧贴在患者头皮上的线圈向他的头部发射磁脉冲，它会诱导相邻的神经元发出电脉冲，这个电脉冲又会向周围连接的其他神经元扩散。这一过程名为“干扰”（perturbation）。“收”（zip）则是收集和压缩分布在头部各处的脑电传感器的干扰模式所产生的数据。这个模式越是复杂，产生的压缩文件就越大，患者的意识也就越强。失去意识或被麻醉的患者，只呈现简单、规律的干扰模式，压缩值也低到 0.31 以下。有意识的患者则呈现涟漪般变动的模式，压缩值在 0.31 到 0.7 之间。托诺尼和马西米尼在陷入植物状态的患者身上试验了这个方法，令他们沮丧的是，近四分之一患者的数值显示他们仍有意识，却不能以任何方式表达。他们活跃的心灵被闭锁在了静止的身体内部。

植物和这些闭锁的患者并无不同，它们很可能也有活跃的意识体验，但我们外人无法直观地感受到它，它们自己也无法向我们传达。不过现在有了“放和收”，我们和它们的世界或许就能建起第一座试验性的桥梁了。磁脉冲未必要“放”在颅骨上，还可以施加在植物的韧皮部区域，随后观察电兴奋在维管系统中蜿蜒穿行的图像。这将向我们展示一株植物内部的电激活模式，展示它的内部交流是如何架构的。由此可以预测，“有觉知”的植物就像有意识的人类患者，其维管系统中贯穿着更加复杂而广泛的共振模式。而那些陷入植物状态的患者，可以说只显示了简单而局部的脑波模式。IIT 理论预言一株植物的觉醒水平越高，它的意识就越复杂，也更有力量在全身上下的数据收集中枢之间整合信息。或许，我们可以着手将植物从它们看似闭锁的状态中解放出来了。

植物伦理学

有好几条诱人的线索都可能引向植物感知——无论是证明植物超出了我们想象的实验证据，还是用来思考不同生物意识的新框架，抑或直接探索意识的新技术。但它们都还没有引出确切的答案。意识这个问题已经折磨了哲学家和科学家上千年，而我们才刚刚开始探索意识之谜中或许还有新鲜成分的可能。不过我们见到的成果，应该已经能让我们停下来思索一番了。感知赋予生命意义，它是生存的根本基础。植物的意识，很可能比我们直观认为的要显著得多。

关于我们对待其他生物体的方式的争议，往往都是围绕疼痛的施加展开的。在《动物解放》一书中，彼得·辛格主张我们应该努力减少其他动物所受的痛苦。这是我们对待其他物种的一道分水岭，但这些主张不是他第一个提出的——要经过很长时间，少数人的伦理考量才会为更多人所接受。早在几百年前，达·芬奇就因为要避免对动物造成痛苦而奉行素食主义了。他认为动物也被赋予了感受疼痛的能力，好让它们知道在移动中是否伤到了自己。不过，就像辛格忽略昆虫和软体类这样的“低等”动物一样，达·芬奇也认为疼痛对植物不是必需的。他的理由是，植物不会走动也不太可能撞到东西，痛觉对它们没有用处，因此我们也不必为它们操心。不消说，达·芬奇也好，辛格也罢，植物的疼痛在他们的伦理框架中都没有一席之地。

即使植物有知觉的可能性微乎其微，我们也需要认真思考。我们再也不能对和它们的互动中产生的伦理后果视而不见了。相比痛觉，更重要也更广泛的现象是："这种生物有多少意识？"如果一个生物体拥有意识，那么我们对待它的方式就会增加或减少它的苦难。并且，如果我们还自认为是有道德的生物，我们就必须考虑其他生物的苦难。从我们掌握的证据（无论是行为上还是生理上的细节）判断，这些生物中多半是要包含植物的。我们不必先弄清楚"身为一株植物是什么感觉"再去关心它们遭受的苦难。但这里又有一个问题：我们该怎样去减少那些我们在许多基本的方面既不理解也无依赖的生物的苦难？即便是达·芬奇这样伟大的心灵，可能也很难解决这个问题。

雷伯建议以功利主义的立场来解决它。功利主义在《斯坦福哲学百科全书》（*Stanford Encyclopedia of Philosophy*）中是这样定义的："这种观点认为，道德上正确的行为乃是产生最大的善的行为。从功利主义的观点看，人应该使整体的善变得最大——也就是在自己的善之外，也要顾及别人的善。"古典功利主义的目标是"为最多的人创造最大的善"，而不考虑个人身份。我的善并不比别人的善更有价值。从传统上说，功利主义只适用于人类，但这里我们或许要做出较大的改变。原本的"最多人的善"，其"最多"或许还应该描述生命之树上的"物种数量"，或是任何一种生物的数量，而不单指人类。不过，这一立场要向下延伸到多么简单的生物，这一点还不确定。我们应该关心蓝细菌和变形虫吗？还是只关心多细胞生物就够了？是只需要关心有明确大脑的生物，还是也要顾及别的系统创造的任何可能有意识的东西？有人主张，对待动物，我们还应该更进一步。被奉为"动物权利之父"的汤姆·黎根博士（Dr Tom Regan）在 1983 年的著作《为动物权利一辩》（*The Case for Animal Rights*）中主张，人类以外的动物也享有一项权利，那就是不被视作商品或资源对待，如此对待它们的一切制度都应被废除。而对于植物，就很少有人提出哪怕接近一点的主张了。

再结合 IIT 这样新的客观的意识检测标准，这种对旧伦理原则的新应用就站得住脚了。想想我在前言中整理的毛里求斯野生藤本，再将它们与实验室中的藤本相比较，你会发现两者的经历简直天差地远。野生藤本栖身于一个湿润的世界，周围枝干交错，提供给它们不断爬向高处迎接赤道烈日的机会，它们的根系周围则是肥沃的腐殖质，有大量微生物生存。而它们那些被“囚禁”在实验室里的亲戚，只有长条灯可以照射，它们的根系为花盆所限，根系周围也只有无菌的混合肥料，它们在裸露的土壤上盘旋，找到一根杆子才能向上攀缘。想到这样的植物，我们也可以像对动物那样，问出在农业生产和科学研究中对待动物相同的问题：我们应该如何减少使用的个体数量？我们对它们的福利负有怎样的责任？囚禁野生生物是否正当？我们并不知道在野生条件下如何帮助它们持续生长，遑论在监禁条件下使它们幸福了。我们要是认为自己能够做到，那就纯属傲慢了，这份傲慢的源头正是我们左右和支配其他物种的漫长历史。[33]

这些问题有待讨论，就像植物是否有意识，这种意识的本质又是什么等问题一样。不过，现在的我们还像一个婴儿，正从以自我为中心的生活中觉醒，意识到其他人也有内心生活，有动机、欲望和需求，我们也开始明白人类的心灵并非世界的全部。它不过是一种非常特殊的体验世界的方式，除它以外还有其他无数种。毫无疑问，我们的心灵具有一种能力，能考虑其他与我们不同的生灵，只是这种能力还不具备知识。对于那些生灵，我们可以赋予它们权利，或者起码也该多为它们考虑一些。

第九章

Chapter Nine

绿色机器人

在太空里种植

我们热爱探索新的世界。那个未知的、我们不曾见过的或是未经利用的地方充满了诱惑，牵引着我们投入大量时间、精力和资源，只为了能接近它——只要我们相信，它在某种方面能使我们更加富有。但是与此同时，我们又可能忽略眼皮底下的另一个世界：那是原核生物的细微交流，是土壤中的真菌超级网络，是植物身上缓慢的光合作用。对于这些领域的理解，我们进展甚微，虽然它们有可能启发我们的各种科学进步和技术创新，更重要的是，让我们反思对自己的认识。

这最后一项或许就是我们一心想要飞入太空的原因。我们的目的不是望向外面的虚空，而是以新鲜的眼光回顾地球——即便眼睛并不是我们自己的。2004 年，美国航空航天局（NASA）派遣两名无畏的机器人“勇气号”和“机遇号”飞往火星，去探测这颗红色星球的陌生地貌。它们双双降落在火星的南半球，NASA 预计与这对机器双胞胎的联络只能维持三个月左右，因为这颗行星表面粗糙的地貌和狂暴的环境肯定会在短时间内征服这两部火星车。机器人“地质学家”一定要能移动和探索周边，而在这样的地形上移动绝非易事。这两部火星车看起来和高尔夫球车很像，一面行驶，一面接收着5500万千米之外来自地球的指令。

然而现实出乎所有人预料，NASA与勇气号的联络维持了六年，与机遇号（绰号“小机”）的联络更是直到2019年2月才中断。一项最初的规划只有90天的任务，最后竟维持了14年之久。在火星赤道以南不远的子午线高原（Meridiani Planum）着陆后，小机总共行驶了将近30英里（约48公里），创造了地外行驶的纪录。事实证明小机有极强的韧性，从陡坡到沙坑都一一克服，无论是火星的危险寒冬还是遮天蔽日的沙尘都安然度过。不过它最后还是倒在了一场沙尘暴里，飞沙将阳光阻断了太久，它的太阳能电池终于耗尽了。第二年，2020年2月，NASA又发射了一部火星车“毅力号”，派它到火星上探查细微线索，看有什么能证明这颗行星在远古时代曾有微型生物存活。毅力号的进展实时更新并在网上直播，自它在火星表面轻盈着陆之后，全世界的任何人都可以通过它的眼睛观察火星了。通过这两项任务的试探，我们对火星的宜居程度已经有了初步了解，也大概知道了走出地球的人类能否在这片赤褐色的干旱土地上生存。

图9–1 火星上的“机遇号”

2019 年 1 月 3 日，就在 NASA 最后一次听取小机的简报并与它告别前的几周，中国宣布其探月计划的第二阶段取得了成功。这项根据中国神话中月亮女神命名的“嫦娥四号”计划，目标是登上月球的“暗面”，这也是第一次在月球暗面上的成功“软着陆”，即航天器没有在降落中坠毁。“嫦娥四号”上搭载了一个“月球微型生态系统”，那是一个封闭的生态圈，包含蚕和苍蝇的卵，还有拟南芥、马铃薯和其他植物的种子。中方的设想是，通过互相交换二氧化碳、氧气和营养物质，这些生物应该能相互扶持着生存下去。果然，植物的种子发芽了，可惜这项实验进行了短短两周即宣告终止。这是一块了不起的里程碑：头一次有昆虫或植物在地球的天然卫星上生长，开启了在地外创造可持续生态圈的可能。在这之前，种子只在距离地球较近的国际空间站上发过芽。中国在“科学太空竞赛”中跃进了一大步，从探索性的地质学研究发展到了革命性的生物学培育。

美国和中国的这几项任务都堪称精彩，未来的任务还可能达成更多成就。比如，从前的火星车都是模仿动物在火星表面上移动，而未来的 NASA 任务大可以试验我们的革命性植物模型，那些无畏的高尔夫球车再怎么精巧，我们的模型都能比它们费更少的力气克服火星地貌。设计火星漫游车的工程难题是让轮子在漫长的行驶中坚持得够久，或是防止火星车陷进沙子。NASA 公布过一幅标志性的全景照片：小机在向南行驶的路途中回望，拍下了自己在一段山脊上的行踪。我们可以在照片里清楚地看到机器人刚刚攀上的环形山边缘，并真真切切地感受到喷气推进实验室的每一个人在看到小机安全登顶时的那股释然。

但也许探索并不一定要会移动。也许换一条思路我们就会明白，探索一个行星的地表还有截然不同的方法。2017 年 6 月，我收到了一封有趣的电子邮件，对方是伦敦的一家大型赞助机构。他们希望资助“植物智能”的相关研究，认为那最终能带来机器人学和人工智能的创新。他们的目标是从以动物为中心的技术发展思路转到另一个角度，或许那样能以新的方式解决问题。后来我加入了一个研究项目，开始探索植物独特的生长、移动以及与世界交流的方式如何能为机器人和AI研究带来生物启发。[1]

我们迄今发现的事实动摇了在火星地貌上用轮子行驶的必要性。比如，有一组机器人学工程师正在开发一种有腿的“群机器人”（swarm robots），它们模仿蚂蚁、鸟类和蜜蜂的群体行为，在探索未知土地时的灵活性要比轮子大得多。[2]但为什么不再进一步呢？为什么非得在一片土地上移动，才能找到调查和取样的目标呢？为什么就不能在那片土地上生长？假如你正在A处、想去B处，你的一个做法是直接从A处长到B处去。换言之，你可以到达B而不必离开A。采取这种模式，火星车就可以同时位于几个地点，像植物那样搜集一张信息网络了。这样更换思路也会连带着彻底重组问题空间（还有空间问题）。用植物般的移动方式启发火星车的设计，我们不是为现成的问题找到新的解答，而是对问题的性质做出全新界定。没有了轮子，就不必担心会被卡进裂缝了！[3]

我们在这里探究的是一场日益壮大的运动，目的是改变我们对植物的成见，这点在中国的太空任务中同样是严重缺失的，虽然中国确实完成了生命科学上的一项壮举。“嫦娥四号”在月球重力下种植主要植物的实验，对于长期太空任务的成败极为关键。这项针对植物生长的研究有一个目标，即将来的一天宇航员将会收割和烹饪他们自己在太空中培育的食物。我们都很清楚离开了植物我们就无法生存，所以我们如果要进入太空，它们也非去不可。氧气、食物、衣服、药品、生物燃料，这些都对人类的生存至关重要。所以嫦娥任务选择了棉花和马铃薯的种子以及酵母，这绝非偶然：它们都属于基本物资。然而将这些作物放在密闭的生物圈内，却揭示了人们对它们仍然过于僵化的看法，对它们的理解仍仅限于资源。人类访问太空，是为了发现新东西，将知识的边界向外拓展。将动物送入太空，是把它们作为生命系统中的关键角色，或许也是代替我们。而植物进入太空却只能作为饲料。正如我们希望飞出自己的行星去外面探索，或许我们也更加迫切地需要跳出自己狭隘的成见。研究植物做事的方法，进入它们的世界观察，将它们视作太空计划的积极参与者，而不仅是被动的工具，这些都有助于我们探索地球之外的行星。

植物也是行动者

我们虽然不太善于理解植物的主观体验，却能极为敏锐地发现植物对我们的益处。我们是利用植物的好手。没有了植物，人类的生活将变得不堪一击。我们并不是不在意植物。我们很擅长通过帮助它们来帮我们自己：我们为它们提高生长速度，消灭竞争者，把本来无法使用的土地开垦出来供它们生长。我们还在基因上改造它们，让它们替我们完成部分工作，比如赋予它们耐受杀虫剂或是害虫的能力，或是让它们长得比较易于收割。最近有一支团队想出一个办法，只要按下几个基因开关，就能让植物在阴影中也生长；还有一支团队发现了指导植物生长的光敏性基因网络。[4]这些洞见其实本身就很有趣，但是对它们的报告却每每强调在气候变化的前提下，如何利用这些知识增加作物产量。从我们目前的角度来理解植物，固然能更好地利用它们：我们可以一边继续削弱生物圈，一边让植物继续供养我们。但这样看，它们只是被动的资源，一味受到我们的操控、照料甚至移植进太空，一切都为了满足我们的利益。

要是我们可以换一种眼光看待它们呢？不是将它们视作对象，而是看成我们所在的那一张张生态网络中的行动者？就像闭锁综合征患者无法传达自己的意识，只能靠外人发明巧妙的方法去探测它一样，植物也是生态系统中默默无闻的主体。它们的作用十分基础，虽然动作慢到我们看不见，却对我们的生存来说不可或缺。而我们却怀着对植物的轻慢，在这段关系上施加了许多压力。比如，我们仍在兴冲冲地砍倒一千棵古老的橡树来重建巴黎圣母院，为了修复人类的遗迹不惜牺牲这些静默的巨灵，断送它们活生生的未来。

2021 年，我在前沿论坛旁听了艾尔・戈尔（Al Gore）的演讲《论气候乐观主义》（*The Case for Optimism on Climate*）。演讲之后，他又与来自世界各地的专家们讨论了气候变化以及如何改善现状。[5]戈尔的乐观主张是，“我们可以按下一个开关”，就此改变工作方式并挽救地球，只要我们能

“用科学来驱使行动”。从一方面看，这是一个诱人的理念。气候活动家一直在敦促我们支持植树造林以弥补被大量砍倒的树木，说这样就能吸收大气中的碳，或者在Zoom会议中关掉摄像头，以降低数据存储的巨大全球成本。[6]这些显然都是基于科学的全球问题解决方案，相信它们的功效也无疑会使人们更加配合。但是另一方面，当戈尔向听众阐述“眼前的现实在恳求我们行动”时，我却想插进去问一句“怎么行动？”。包括植树在内的诸多实际方案，似乎都只是一块块徒劳无益的创可贴，盖不住下面那个巨大深刻的问题。我们大可以认为植树就能扭转气候变化，种下速生木材就能代替成熟的森林固定住大气中的碳，但是有证据显示，这两种树木是绝不相同的，无论政策文件里的数据有多么好看。[7]

在戈尔演讲之后的讨论会上，我提出了一个主张：要在科学的思考和实践中引发革命性变化（这种变化渗入社会，才可能产生切实有效的全球反应），就需要建立一套共同框架，让不同的学科能够有效合作。这样的合作视角在当前是严重缺乏的。不同的专业都卡在自己狭窄的赛道内，对其他赛道上的可能性不闻不问。我们必然会面对的第一重障碍、必须按下的第一个开关，是让自己转变心态，不再将植物只看作捕捉碳或是保障粮食生产的资源，而是看作在这场气候危机之中与我们并肩作战的行动者。对于植物的生物学特征我们可以尽情了解，但要是继续只把它们看作绿色的背景——动物在没有生命的舞台上演出，我们就无法解决眼前的问题。因为我们的推动，地球的气候变化正在快速升级。在我们之前只有一类多细胞生物创造过这样的剧变，它们正是在数亿年前支配了陆地景观的植物。植物改变了地球大气：通过光合作用，它们将二氧化碳锁进自身组织，同时放出大量氧气。要是没有植物帮忙，我们肯定无法扭转自己对气候和生物圈造成的破坏性变化，但是要让双方的合作成功，我们就必须换一种眼光看待它们。

我的感想呼应了迈克尔·摩尔（Michael Moore）2019年的争议纪录片《人类星球》（*Planet of the Humans*）。[8]摩尔在片尾总结道：“我真的相信，改变之途始于觉醒。光是觉醒本身就足以创造转变。我们还有出路。我们人类必须明白，在一个有限的行星上追求无限的增长，这等于是在自杀。”他还呼吁：“看在上帝分上，让我们运用科学知识，而不是别的什么。”他所谓的觉醒，要我说，必须包含一点，就是承认那些光合作用生物也有能动性。没错，它们是生物圈的根基，将我们的能量经济与太阳光源相连接，但它们又不止于此。它们也清醒地感知到了自己积极塑造的这个世界。也许，要创造一个可持续的将来，我们就必须重新认识周围的生物，要和植物、和这些地球上的强大邻居之间重建连接。

有些植物科学家已经在试着改变观点，重新审视植物在全球生态系统中的地位了。在各种气候变化模型中，通常只把植物描述成“被动的固碳实体”。而我的朋友、同行弗兰蒂泽克·鲍卢什考和斯蒂法诺·曼库索却认为植物“拥有一种植物所特有的智能，它们靠这种智能操纵非生命与生命环境，包括气候模式以及整个生态系统”。他们主张，植物不仅是生态系统中的功能。植物和它们根系中的共生菌是积极改造环境的工程师，我们要想扭转自己造成的变化，就非得与它们共事不可。我还要更进一步：植物也不仅仅是一套复杂的“活空调系统”。如果我们能将植物看作有认知力的生物，我们或许就能对人类在地球生物圈中的地位产生新的看法，并促使植物消除我们对生态系统的影响。[9]我们可以思考它们如何体验并探索一个地外环境，如何将其塑造成一个适合它们生存的地方，而不是将它们和蚕一起关在一个生物的闭环内，或者发明几个长了腿的笨拙机器人在外星种植园里照料它们。

生长机器人[10]

在像机器人学这样的前沿技术领域中，我们可能看不到我所建议的那种以植物为参照的观点。这些新观点显然更贴近那些新的异教圈子，更加容易被那些喜欢拥抱树木并认为顺势疗法可以替换现代医学的人所接受。不过我还是想深入地谈谈最近的技术发展，它们都是从对植物的深刻理解中萌发出来的。如果能真正理解植物那截然不同的处世方法并从中学习，你将获得长久的益处。这种理解和学习会从根本上拓展你的世界，并且有扎实的科学作为根基。它将展示这样的观点变化会如何产生巨大而具体的全球效应。

机器人学在很长一段时间里都是围绕动物展开的：制作出机器动物，赋予它们金属甲壳和别扭的液压关节。这些机器变得越来越善于适应环境，能够应付突发事件，还有自动复原的机制与模块来避免绊倒。我们在这些机器仿真品中模拟了各种生物力学：壁虎爬墙的脚，飞鸟的空气动力特征，以及哺乳动物的步态，这些都有赖于大量知识和技术资源的投入。[11] 但它们固有的僵硬以及作为一个整体在环境中运动的需要，意味着这些机器人总会遇到相同的问题，这些问题 NASA 的技术专家都清楚得很。麻省理工学院那台精巧的机器人“猎豹”（cheetah）会后空翻，可一旦遇见了不平坦或是难以穿越的地形，它就会变得难以动弹。[12] 想要在传统的机器人设计参数内克服这些障碍，很可能总会遇到限制。好在机器人学中涌现出了一个较新的领域，正为这些问题提出革命性的解决方案。这门“软机器人学”（soft robotics）的灵感来自一些非常不同的模型。它不再制造金属的脊椎动物，转而去借鉴像魔术师胡迪尼一般灵巧的柔软有机结构：章鱼、象鼻和蚯蚓。这些结构给予了我们液压驱动的抓握卷须，以及气动控制的软体机械，它们都能以金属结构无法办到的方式运动。因为这种灵巧，它们的适应力变得极强，而这又使它们有了新的用途。它们不仅为旧的机器人学问题找到了新答案，还使得当初无法想象的事情变成可能。[13]

不过，单靠这个从硬到软的变化还不足以造就各方面都具有真正革命性的新的机器人模型。将给我们带来益处的不仅仅是一块由小变大的生物力学调色盘。这类软模型中的一些很难模仿，即使我们有了各种高科技材料可供使用。软机器人固然可以做出硬机器人无法做出的简单动作，但那可能要动用许多不同的控件，需要技术上高难度的精细协调。人工模拟动物的软肢——像是具有可塑性力量的象鼻，或是流动而灵巧的章鱼触手，困难得叫人吃惊。一条象鼻有近四万块肌肉，全都能协同工作。而除此之外还有一类生物能为软机器人学提供别样的灵感，它们用截然不同的生存模式开启了更多可能，同时又没有这些复杂的技术难题。我说的当然就是植物：它们兼具了生长上的流动性和形态上的稳定性，这一点不同于一条持续运动但大小不变的机械臂。

几个世纪以来，植物在环境中移动和穿越的方式一直吸引着科学家的好奇，其中达尔文照例又是最雄辩的一名观察者。他对黄瓜盘绕的卷须特别着迷，并将它形容为"软的弹簧"。他甚至写了一篇长长的专题论文，用很大篇幅介绍了他对这些卷须的想法，虽然对于它们的内在机制，他的理解不像我们现在这样深入。近来的研究者在黄瓜体内发现了纤维状的特化细胞，它们在黄瓜的弹簧中心形成一根坚韧的带子，能在不扭曲茎的前提下将这条弹簧压成一个紧密的线圈。[14] 这种机制，再加上其他给人以启发的植物结构，比如藤本植物用来附着在物体表面的细钩，提供了一系列全新的机械技巧。2020 年，佐治亚大学的研究者将菜豆用作他们的一个关键模型，很令我欣慰。他们发明了一种机器卷须，只需一个气动控件，就能轻轻地缠绕并抓紧一个直径仅一毫米的物体。它能在狭小的封闭空间内使用，其动作由穿过其内核的一根光纤监控。这条盘绕的硅质卷须可以在各种领域中应用，既能分拣精细的农产品，又能开展细致的生物医学操作。[15]

如果不把目光局限于生物拟态，我们还能走得更远，比如复刻植物行事的机制以及它们使用的材料，像借鉴动物一般从植物中获得灵感。如果我们退后一步，思考植物对卷须的*运用*，也就是着眼于植物的行为而非身体特征，我们就能为机器人学开创出全新局面。在空间中生长而非穿行，攀爬和抓握而非移动，将控制和加工分布到整个身体，这些都能提供一个新的机会领域。我们可以设计一种新机器人，让它们用分布式的智力和适应性的形态解决问题。[16]

前不久，斯坦福大学和加州大学圣巴巴拉分校的研究者开发了一款"生长机器人"（growbot），它能将一根气动塑料管的核心向外翻出，通过向前生长来移动，就像一株植物嫩芽生长的尖端不断生出新的细胞。[17] 平常的障碍难不倒它，无论遇到摩擦力、不平的表面还是局促的空间，它都会翻卷着直接生长过去。它能挤过两张黏糊糊的捕蝇纸或是冲过一团胶水，方法是让表面保持静态，而核心的管道继续生长。它能根据需要变粗或者变细，靠着空气压力穿过狭小的缝隙。即使被尖锐的物体刺穿也不会泄气。它能在任何方向上生长，水平或垂直皆可，它的长势由专门的气动装置支配，模拟的是让植物的茎改变方向的细胞的差动伸长（differential elongation）。它能转过一个角落生长或爬上墙壁，还能形成一个硬钩来转动把手。它可以通过气垫核心将传感器送到特定位置，或用尖端的摄像头指导自身行动。在视频中看到这款生长机器人，你的第一反应是把它想成一只巨大而目标明确的气球。但是仔细一想，你又会觉得它是一条合成树根，因为那充了气的半透明形体能在空间中移动，同时却又保持静止。它还能做到一件树根做不到的事，就是匆匆撤退，通过向核心收缩，在空间中“逆向生长”。

这充分向我们展示，技术越是变得柔软，就越能与环境适应匹配，其效能也会大大提高。在将来，NASA 或许有机会使用类似生长机器人的东西来探索火星，它可能绘出一幅非常不同的火星表面。在执行下一次火星任务之前，生长机器人还可以用来探索各种无法通过的场所，从脑室、狭窄的建筑空间到海洋深处。就像植物一样，它们能靠生长适应环境，因此是完美的全才。但问题是：如果我们真的造出了一部机器，能以非凡的功效模仿植物的功能，那么它能否帮助我们改变视角，让我们明白在塑造生物圈的前进道路上，植物不仅是对象，也能成为盟友？如果我们能给一台植物般的机器人灌输人类的目标和快速而分散的能动性，它会帮助我们以新的眼光看待植物的意图和行为吗？

生态危机和生态尊严

2016 年 10 月，我前往意大利的托斯卡纳去参加在丹尼尔·斯波利花园（Giardino di Daniel Spoerri）举行的艺术、自然和技术研讨会（Art, Nature and Technology workshop）。这个研讨会的主题是植物行为，于是我和斯蒂法诺·曼库索计划向与会者介绍植物世界的奇妙。[18]会场的布置美丽惊人，在豪华的托斯卡纳美食与美酒相伴下，我们渐渐开始了一场场放松的讨论。这些讨论很快集中到了对植物生活的欣赏上——包括即将端上桌的绿叶菜。随着讨论的进行，我产生了一种强烈的似曾相识之感：三个月前，我曾受到“走进植物意识”研讨会（Approaching Plant Consciousness workshop）的邀请，到柏林的公主花园（Prinzessinnengärten）参加一场“对话”。我的讲话引出了一些伦理方面的发问。我对此并不感到意外，虽然那些问题我也答不上来。“会感知的或许远远不止动物”，多年来，从这个命题中衍生出的问题并未困扰我。但现在，当我徜徉于托斯卡纳的美丽花园之中，我却急迫地想要回答那些伦理问题，它们是我们在潜入植物的心灵时必然会遇到的。

在从爱丁堡飞往托斯卡纳的行程中，我不得不在阿姆斯特丹转机。我很快发现，荷兰皇家航空公司对动物福利非常认真。我们吃的是“道德”（ethical）航空餐，面包用有机谷物制作，在当地的风车磨坊里加工而成。①荷兰人少不了的奶酪也用可持续棕榈油生产。下蛋的母鸡生活在一方自由散养的天地，和那些供应大规模消费的超级工业化生产线上的禽类仿佛身处两个世界。鸡蛋的生产商龙德尔公司（Rondeel）保证这些母鸡拥有充分的户外空间和流通空气，进食、筑巢和下蛋都在不同区域，它们还有一片独立的区域可以舒服地栖息。公司甚至用24小时摄像头直播，让吃鸡蛋的人能看到鸡在农场里过得如何。[19]当我阅读一篇篇报道，了解我那个美味三明治里的各种配料来自何方时，我真心佩服荷兰皇家航空对肉、蛋和奶制品的全面覆盖。尽量减少全球化运输的不利影响也是他们重视的课题。

如今，关心（即便只是名义上关心）消费中的动物权利和环境可持续性已经不再是难事。我们谈论动物福利和动物权利，因为我们为它们遭遇

①由荷兰的食品公司 QiZiNi 提供。

的暴行而担忧。就拿鸡来说，只要不把脑袋埋进沙子，我们肯定认为它们是能感受疼痛的。这也是龙德尔用心为鸡提供种种舒适条件，好让它们的生活值得一过的原因。但另外我们也充分看到，在关心植物方面我们仍有巨大的盲点，我们所想的仍不过是增加它们的产量以满足我们的需求。身为荷兰皇家航空的乘客，你会为他们努力提供可以持续并且饱受关怀的肉类和奶制品而鼓掌。但是荷兰皇家航空有没有想过鸡胸肉旁的那些装饰菜，那些胡萝卜、豌豆和土豆？如果这本书的主旨是正确的，植物就真的具备智能，可以对世界产生主观体验。那么我们是否应该关心关心植物本身呢？

我们似乎还没有准备好面对植物福利和权利的问题。植物的生活与动物的生活根本不在一个门类。我们如果对施加给植物的非必要压力有哪怕一点点关心，现在应该已经在研究机构中成立伦理委员会了，就像我们按惯例为动物实验成立的那些一样。说到这里，我不由想起了 2013 年 12 月到澳大利亚的珀斯去找莫妮卡 · 加利亚诺做研究访问的事。当时我以为莫妮卡是西澳大学植物伦理委员会的成员。但是最近，当我为这本书搜集细节而发电邮询问她时，她却打破了我这种乐观的错觉。原来是我的记忆出了差错。无论在澳大利亚还是其他大多数地方，都不存在什么植物伦理委员会。莫妮卡其实是一个动物伦理委员会的成员，负责监管动物研究，因为她的专业背景是珊瑚礁鱼类生态学。她还确定地告诉我："目前还没有任何法规从植物的伦理 / 福利 / 道德立场出发，对植物研究开展约束 / 限制 / 支配，因此并没有一个委员会在监管植物研究。"

关于人工智能，我们已经在琢磨将来可能出现的伦理问题了。研究者开展冗长博学的探讨，争论是否该将拥有认知能力的机器纳入我们的伦理体系、对它们的能力是否要加以限制以防止它们变得和我们一样，或者如果技术进步，机器有了更高程度的认知能力，我们该怎样重新思考对它们的态度。这或许只是一项迷人的智力锻炼，但 AI 正在接近人类的智慧也是事实。AI 已经能模仿人类认知产出的内容，所用的方法并不是照抄人类心灵的内在过程，至少现在还不是。但是因为这种诡异的相似性，我们觉得有义务从哲学与政治的角度去谈论这些问题。随着科技在 21 世纪继续发展，计算机智能也越发诡异地赶上人类智能，这些问题将会变得愈加紧迫。

而植物和我们的共性更要远大于AI：我们都是碳基生物，有着相似的代谢过程和细胞结构。它们甚至和我们有着共同的祖先，也是从几十亿年前的单细胞生物演化而来的。不过它们的智慧却与我们相当不同。这种智慧不太容易为我们所理解，因此植物拥有意识的伦理学意义，似乎并不是一个显而易见的哲学问题。大多数哲学家在讨论这个问题时，都会在论辩的开头就否定植物能够感知的可能，接着再打出致命一击，否认对植物的感知能力采取道德立场的必要，他们的理由是即便植物真有意识，这样一种主张的结果也会得出荒谬的推论。[20]然而，一个问题的碍事和“荒谬”，并不能构成对它的有效反驳。我们在纠正或者延缓对生物圈的杀戮的过程中，本来就必须面对许多“碍事的真相”。而我们在纯粹生态问题之外给予植物本身的待遇，很可能也是这样的真相之一。我们越来越多地发现，植物对环境的感知、理解和应对，与动物的做法有着许多共性，这也使得上述问题变得越来越难以回避。不仅如此，我们能否成功应对生态学危机，可能也取决于我们对这些问题的解答。[21]

圣雄甘地曾说过：“一个国家的伟大程度和道德进步标准，可以视其如何对待动物来衡量。”爱因斯坦也说过类似的话：“一个人如果致力于正当的生活，他首先就应该约束自己不去伤害动物。”他们两位本可以把植物也包括在内的，可惜他们并不了解植物的本领。达尔文对此当然也有看法，他在多处写到考察“低等动物”的心灵能启发我们认识自身心灵的运行方式和我们的道德感。[22]在他们之前很久，古代思想家已经开始考虑消费植物的伦理问题了，从亚里士多德的继承者泰奥弗拉斯托斯到毕达哥拉斯和柏拉图，都探讨了植物和动物的相似与差异，以及对植物道德地位的不同立场。[23]但是在他们之后，我们很久不再问这些问题。如果植物真有智力，能感知环境，我们就不能再对这些伦理考量视而不见了。所以，我们要用一个大概最难回答的问题来为这本书结尾：如果确认了植物真能“感知”，这会赋予它们权利，从而阻碍我们对它们的剥削吗？如果确认了植物是能感知的伦理实体，我们能花点心思改善它们的福利吗？我们不应该这么做吗？

我们对这些问题的考虑是迟缓的。你可能认为它们本该获得优先思考，但实际上，植物科学研究网络的《2020～2030十年展望》（*Plant Science Decadal Vision 2020-2030*）采取了一种非常务实的立场，只考虑了如何以食品安全和环境保护为目的对植物做最佳利用。[24] 与之形成鲜明对照的是，瑞士联邦执行委员会任命的“非人生物技术联邦伦理委员会”（Federal Ethics Committee on Non-Human Biotechnology，简称ECNH）在2008年认真讨论了植物待遇问题。讨论的结果是一份宣言，名为《有关植物的生物尊严，针对植物本身的道德考量》（*the Dignity of Living Beings with regard to Plants. Moral Consideration of Plants for Their Own Sake*）。ECNH成员弗洛里安娜·克希林（Florianne Koechlin）给植物信号与行为学会的会刊写了一封信，对这份瑞士宣言的背景做了解释：“瑞士宪法规定生物的尊严应该得到尊重，植物是生物，因此也有尊严。”[25] 将“尊严”和“植物”放进一句话里需要勇气，但瑞士人做到了。

在20世纪初，J.C.博斯爵士做了一件如今会被许多人认为疯狂的事情。他当时正主管树木移植，为避免对树木造成不必要的痛苦，他对树木进行了麻醉，即使有些个体非常庞大。他发明了一种巨型帐篷，将树木整个裹在中间，再在其中注入氯仿气体使树木沉睡，从而防止它们在移植过程中受到重创。博斯不可能完全了解植物的意识。他只知道植物可以被催眠，并且在氯仿的作用下，它们会像动物一般丧失某种觉知。但这点认识已经足够使他付出努力，减少植物被连根拔起运到其他地点时体验的压力了。和他一样，我们也不必对植物意识了如指掌才能问出这些问题。既然我们这种生物会关心他者的痛苦，就自然应当为那些我们知道会受苦的生物着想。我们要做的只是把植物拥有感知的可能放在心里，并努力用新的眼光看待植物。长远来看，这对我们只有好处。

后 记

References

海马体的育肥场

查尔斯·达尔文的一生始终与一股不断分叉的生命之流深深纠缠，这股巨流连接起了所有生物。临近死亡时，他表示想继续与这棵生命之树相缠绕：他想要葬于唐恩村圣玛丽教堂旁的那棵古老红豆杉下。他的哥哥伊拉斯谟斯（Erasmus）已经在教堂的墓地中安息，家中的另几名成员也终将与他会合。虽然报纸已经登出消息，说达尔文的遗愿将会得到尊重，但当局不允许他悄悄躲到一棵树下永眠。他的遗体被运到威斯敏斯特教堂，按照国宝待遇举行了一场隆重的国葬。[1]这看似是对他的恰当纪念，但实际上，对政治和面子的关心剥夺了达尔文的权利，使他无法在那株红豆杉下平静地享受永恒的野餐。

当局或许也听到了达尔文内心那个孩童的呼声，他知道那株红豆杉是真正的知善恶树。圣玛丽教堂或许看起来是唐恩村的精神焦点，但事实上，那株红豆杉在教堂建成以前就已耸立良久，它才是代表重生与拯救的古老象征。达尔文的愿望不是被埋葬在僵化的历史殿堂中，而是加入生命的灵动巨流，加入那个“美丽绝顶、奇妙无双”的无尽生命循环。他终身致力于完善一种观察自然的新眼光，但到死也没能逃过传统的牢牢掌控。达尔文的许多观点都被确证为先见之明，虽然他没有机会进行如今已成为生物学基石的遗传学研究和数据分析。他学会了在现成的框架之外做另类而清

图 10–1　唐恩村的教堂与古老红豆杉

晰的思考，而他的多数同辈都心满意足地待在这个框架里。他无比博学，却也能用天真的眼光进行观察，并因此看到了一个全新的世界。

我们若想对自己的生活方式做出真正的改变，想做出必要的革新以避免被目前的活法引向灾难，我们最好去读一读达尔文的著作。2006 年，肯·罗宾逊爵士（Sir Ken Robinson）发表了 TED 历史上观看人数最多的一场演讲：《学校是否扼杀了创意？》（*Do Schools Kill Creativity?*）。这场演讲有 7000 多万次播放，被 160 个国家的大约 3.8 亿人聆听。[2] 肯的观点，是“如果你没有准备好出错，你就提不出任何原创性见解”。我们的教育体系全部基于一个过程，那就是为学生提供定量的信息，让他们吸收之后再用许多年来反刍，这个过程完全抑制了他们自由探索或另类思考的本性。我认为这样的体制就像一座“海马体的育肥场”，海马体是人脑中负责记忆的一块关键部位。过度教育，将年轻的心灵导入不知有多少人走过的老路，就像一条条藤蔓紧紧缠绕栅格，正在不断剥夺我们的创造能力。其实更好的做法是鼓励大家知道得少些、思考得多些。

诺贝尔生理学奖得主、生物学家西德尼·布伦纳（Sydney Brenner）在他的著作《我的科学生涯》（*My Life in Science*）中描写了无知的力量。他在一次接受采访时说："我很相信无知的力量。我觉得人总是知道得太多。"他又解释道："做了某一领域的资深科学家有一点不好：它会限制人的创造力，因为你知道得太多，也知道如此这般是肯定行不通的。"布伦纳的论点是，成为某一领域的"专家"会局限我们，使我们只会用一种方式思考，切断了其他探索的路径。而有着不同背景、经历和视角的人，倒常能给老旧的问题注入新鲜气息，他们带来的新方案是浸淫于这一领域的人们绝对想不出来的。

科学会创造它自己的象牙塔，把科学界以外的人拦在塔外，不让他们接触里面的思想和课题。总的来说，科学界假定了普通人对科学对话毫无贡献。当科学以外的源头想要输入些什么，它通常会断然拒绝，无论那源头是政治还是创意，甚至是常识。然而从事科学的人不单是"科学家"，他们也是凡人，也有着凡人的种种笨拙、顾虑、牵绊和灵感。科学不是一个独立存在的泡泡，它是交织在人类丰富经验中的一项人类事业。它无可避免地存在缺陷，却也包含无限可能。我们需要让它与人类世界的其他部门交流，要允许它利用其他线索、其他思绪，要让来自完全不同领域的专才提出想法，以此丰富它。如果我们想让科学家和非科学家在内的人类共同解决未来的种种问题，并且让科学成为其中的必要方式，这种开放的姿态尤为重要。

我们或许还记得诺贝尔奖得主、X射线晶体学家理查德·阿克塞尔的呼吁，他要我们的思想"摆脱束缚、透过文字、突破天际"，以此打破框定我们思维的硬壳。也许，要获得新的思路、新的活法，我们就必须改变思想的重心。要允许自己问出新问题，大胆想象自己是栖息在我们周边的其他生物。要是能真正理解身为一株植物的感受，我们将更能领会身为人类的意义，并学会在做人的同时与有机世界合作而不是摧毁它。我们或许会像达尔文一样，希望与萌发了地球上一切生物的"知识之树"重新连接——到那时我们将吸收植物的智慧，更好地理解我们自身心灵的本质。

致　谢

Acknowledgements

这本书和其他许多书籍一样，也源自一个丰富而活跃的生态系统，其中包含了交流、讨论、洞察和体验——还有来自许多方面的辛勤工作。我首先想对我的代理人杰茜卡·伍拉德（Jessica Woollard）致以最诚挚的感谢，她对这个项目深信不疑，并最终凭借高明的洞察使之圆满完成。是她撮合我和纳塔莉一起写这本书，从一开始就看出我们能够顺利合作。自从2019年在大卫·海厄姆公司的办公室初次会面，我们的共事始终很精彩。就连新冠肺炎疫情期间的种种困难，也未能阻止我们这支多国团队。我们在Skype和Zoom上碰撞想法，度过了许多快乐时光，即使当我们写下最后的这些文字，交流也没有停止。

那次去伦敦的办公室拜访之后，我又同《植物弥塞亚》（*The Plant Messiah*）的作者卡洛斯·马格达莱纳（Carlos Magdalena）去邱园（Kew Gardens）散了一次步。末了他在邱园门口送我去机场时，说出了我们在讨论中短暂沉思的内容：“唔，植物还真的有智慧呢”（plants are sapiens）。这启发了本书的书名（“Planta Sapiens”），感谢他赋予了本书创作中的这个不可或缺的元素。

在我的学术生涯中，对我帮助最大的是弗兰蒂泽克·鲍卢什考、斯蒂法诺·曼库索和托尼·特里瓦弗斯。你们三位的远见卓识、在思想上不与人同的勇气还有始终如一的支持，我是怎么感谢都不为过的。

在写这本书前，我从未想过要亲自开展我的哲学观念背后的那些科学研究，只希望能找几个拥有实验室和科研资源的人来代劳。但是在波恩拜访弗兰蒂泽克时，我想说服他在实验室里替我做几个实验，他却忽然回了我一句：“你何不自己在穆尔西亚做做看？”想到这个可能，我满怀激动地飞回西班牙，心中立刻有了怎么做成此事的想法。弗兰蒂泽克的建议是一道难题，也是一个转折点，它最终促使我在穆尔西亚大学成立了最小智能实验室，也就是 MINT 实验室。

我很幸运，总有机构愿意相信我的虚无想法，而不是出版物清单上的具体记录，并由此向我提供资助。这项研究伊始，我还是想法多、成果少。我要感谢多家赞助机构，他们以这样那样的形式，支持了我在过去二十年间的研究。我要特别感谢塞内卡基金会（Fundación Séneca），也就是穆尔西亚地区科技研究局（Agency for Science and Technology of the Region of Murcia），若没有他们的帮助，我不可能成立 MINT 实验室。我为写作本书积累的许多知识和经验，都归功于西班牙教育、文化和体育部提供的一份“教授及高级研究者海外中心访学”奖学金。在我和家人居住在爱丁堡期间，它给予了我们经济上所需的安全感。我想对在爱丁堡大学接待我的两位主人安迪·克拉克和托尼·特里瓦弗斯表示感激，谢谢他们始终如一的支持。（也谢谢他们和我共享办公室！）

还要感谢三个火枪手，曼努埃尔·埃拉斯-埃斯克里瓦诺（Manuel Heras-Escribano）、比森特·拉哈（Vicente Raja）和米格尔·塞贡多-奥廷（Miguel Segundo-Ortín），他们当初还是科研助理，现在已成了同事。时间过得真快！

谢谢 MINT 实验室的各位，哈科沃·布兰卡斯（Jacobo Blancas）、安娜·芬克（Anna Finke）、阿德里安·弗拉齐耶（Adrian Frazier）、容尼·李（Jonny Lee）和阿迪蒂亚·庞赫歇（Aditya Ponkshe），还有过去和现在（希望还有将来）的各位访问学者。

我非常感谢我的多篇植物学术文章的共同作者。其中我特别要提到查尔斯·艾布拉姆森（Charles Abramson）、弗兰蒂泽克·鲍卢什考、弗朗索瓦・布托（François Bouteau）、卡尔・弗里斯顿、莫妮卡・加利亚诺、安赫尔・加西亚・罗德里格斯（Ángel García Rodríguez）、弗雷德・凯泽（Fred Keijzer）、戴夫・李、亚当・林森（Adam Linson）、斯蒂法诺・曼库索、佩德罗・梅迪亚诺（Pedro Mediano）、葆拉・席尔瓦（Paula Silva）、安德鲁・西姆斯（Andrew Sims）、古斯塔沃・马亚・索萨（Gustavo Maia Souza）和托尼・特里瓦弗斯。

谢谢穆尔西亚大学农林实验中心主任阿尔穆德纳・古铁雷斯・阿瓦德（Almudena Gutiérrez Abbad）和她的整个团队。谢谢机械工作室的胡安・弗朗西斯科・米尼亚罗・希门尼斯（Juan Francisco Miñarro Jiménez）和电子工作室的费尔南多・鲁伊斯・阿韦良（Fernando Ruiz Abellán），谢谢他们高超的技术支持。

谢谢穆尔西亚大学哲学系的各位老师，你们提供了最舒适的工作环境，任谁来了都会心满意足。

我还要特别感谢伊丽莎白・凡・沃肯伯格，谢谢她这些年来始终不渝的支持。我是在第一次参加植物神经生物学会的会议时认识她的，后来我去参加植物信号与行为学学会的会议，又和她这个会长见了好几次面。她给我的建议平衡、温和而智慧，极为宝贵。她阅读了本书全部手稿，还帮我纠正了几处事实错误。当然了，书中如仍有任何错误或不正确的观念，都绝对不能视作她的责任。

我也很感谢托尼・特里瓦弗斯的慷慨，既有知识上的也有物质上的。我和家人在他家里暂住时，他和夫人巴尔对我们表现了莫大的温暖和善意，当我驱车返回西班牙，我的后备箱里塞满了他大方赠予的植物科学书籍。

对于那些贬低我和同事研究的人，我也要说上两句。一个领域要是没一点对立和分歧，自然不会进步。这种对立有时不免尖锐。尽管如此，我还是感谢有这个机会在和林肯・泰兹、迈克尔・布拉特（Michael Blatt）以及大卫・罗宾逊（David Robinson）的交流中验证我的想法。批评和反对只能使我更加勤奋。如果他们凑巧读到这本书，我希望他们能重新考虑对我的一些批评。

谢谢我的孩子奥滕西娅和小帕科。在写一本书的同时，家里还有两个青春期的孩子可不是闹着玩的！谢谢我的父母，很久以前，他们外出归来带回了一本《小银和我》（*Platero y Yo*）送我，那时我年纪还小，无法领会书中的重要讯息。谢谢我的姐姐平戈和玛埃娜，还有我那几位真正的朋友。他们都知道我为什么要谢他们。

最后，我要怀着爱戴纪念吉姆·爱德华兹（Jim Edwards，1939—2021）和罗莎·阿尔卡萨·莱安特（Rosa Alcázar Leante，1961—2019）。吉姆是我 90 年代在格拉斯哥念博士时的导师。他在知识上给予了我所能想象的最大馈赠。罗莎是我当初成立实验室时哲学系的行政秘书。她也永远会是 MINT 实验室的守护天使。

参考资料

References

序章　让植物睡着

1. Eisner, T. (1981), 'Leaf folding in a sensitive plant: A defensive thorn-exposure mechanism?', *Proceedings of the National Academy of Sciences* 78: 402–404.

2. Hedrich, R., Neher, E. (2018), 'Venus flytrap: How an excitable, carnivorous plant works', *Trends in Plant Science* 23: 220–234.

3. Yokawa, K., Kagenishi, T., Pavlovic, A., Gall, S., Weiland, M., Mancuso, S., Baluška, F. (2018), 'Anaesthetics stop diverse plant organ movements, affect endocytic vesicle recycling and ROS homeostasis, and block action potentials in Venus flytraps', *Annals of Botany* 122: 747–756.

4. Bouteau, F., Grésillon, E., Chartier, D., Arbelet-Bonnin, D., Kawano, T., Baluška, F., Mancuso, S., Calvo, P., Laurenti, P. (2021), 'Our sisters the plants? Notes from phylogenetics and botany on plant kinship blindness', *Plant Signaling & Behavior*16: 12, 2004769.

5. 在“域”之下，生物又分成界、门、纲、目、科、属，最后是种。

6. “实验生物学之父”、法国生理学家克洛德·贝尔纳最早提出：“一切生物都可以用是否对麻醉敏感来定义。”他还认为，所有生物的生理学功能都依赖同样的内在机制以及对环境的“敏感”。见 Bernard, C., *Leçons sur les phénomènes de la vie communs aux animauxet aux végétaux*, Lectures on Phenomena of Life Common to Animals and Plants. Paris: Ballliere and Son, 1878. See also Kelz, M. B., Mashour, G. A. (2019), 'The biology of general anesthesia from paramecium to primate', *Current Biology*

29: R1199–R1210。

7. Grémiaux, A., Yokawa, K., Mancuso, S., Baluška, F. (2014), 'Plant anesthesia supports similarities between animals and plants: Claude Bernard's forgotten studies', *Plant Signaling & Behavior* 9: e27886.

8. Laothawornkitkul, J., Taylor, J. E., Paul, N. D., Hewitt, C. N. (2009), 'Biogenic volatile organic compounds in the Earth system', *New Phytologist* 183: 27–51.

9. Tsuchiya, H. (2017), 'Anesthetic agents of plant origin: A review of phytochemicals with anesthetic activity', *Molecules* 22: 1369; Baluška, F., Yokawa, K., Mancuso, S., Baverstock, K. (2016), 'Understanding of anesthesia – Why consciousness is essential for life and not based on genes', *Communicative & Integrative Biology* 9: e1238118.

10. 有一本书对人类和植物性药材的关系及对它的使用做了充分而充满感情的介绍，见 Pollan, M. (2001), *The Botany of Desire: A Plant's-eye View of the World.* London: Random House。

11. 想了解捕蝇草在不同环境条件下叶片的合拢时间长度和速度，见 Poppinga, S., Kampowski, T., Metzger, A., Speck, O., Speck, T. (2016), 'Comparative kinematical analyses of Venus flytrap (*Dionaea muscipula*) snap traps', *Beilstein Journal of Nanotechnology* 7: 664–674。

12. Silvertown, J., Gordon, D. M. (1989), 'A framework for plant behavior', *Annual Review of Ecology and Systematics* 20: 349–366; Karban, R. (2008), 'Plant behaviour and communication', *Ecology Letters* 11: 727–739.

13. Cvrčková, F., Žárský, V., Markoš, A. (2016), 'Plant studies may lead us to rethink the concept of behavior', *Frontiers in Psychology* 7: 622.

14. Grémiaux, A., Yokawa, K., Mancuso, S., Baluška, F. (2014), 'Plant anesthesia supports similarities between animals and plants: Claude Bernard's forgotten studies', *Plant Signaling & Behavior* 9: e27886.

15. Schwartz, A., Koller, D. (1986), 'Diurnal phototropism in solar tracking Leaves of *Lavatera cretica*', *Plant Physiology* 80: 778–781.

16. Eelderink-Chen, Z., Bosman, J., Sartor, F., Dodd, A. N., Kovács, Á. T., Merrow, M. (2021), 'A circadian clock in a nonphotosynthetic prokaryote, *Science Advances* 7: eabe2086; Cashmore, A. R. (2003), 'Cryptochromes: enabling plants and animals to

determine circadian time', *Cell* 114: 537–543.

17. 笛卡儿在两部著作中详述了他的松果腺理论，一部是《论人》（1637 年之前写成，死后于 1662 年出版了拉丁文版，1664 年出版了法文版），一部是他最后的著作《论灵魂的激情》（1649）。

18. Dubbels, R., Reiter, R. J., Klenke E., Goebel, A., Schnakenberg, E., Ehlers, C., Schiwara, H., Schloot, W. (1995), 'Melatonin in edible plants identified by radioimmunoassay and by HPLC-MS', *Journal of Pineal Research* 18: 28–31; Hattori, A., Migitaka, H., Iigo, M., Yamamoto, K., Ohtani-Kaneko, R., Hara, M., Suzuki, T., Reiter, R. J. (1995), 'Identification of melatonin in plants and its effects on plasma melatonin levels and binding to melatonin receptors in vertebrates', *Biochemistry and Molecular Biology International* 35: 627–634.

19. Balcerowicz, M., Mahjoub, M., Nguyen, D., Lan, H., Stoeckle, D., Conde, S., Jaeger, K. E., Wigge, P. A., Ezer, D. (2021), 'An early-morning gene network controlled by phytochromes and cryptochromes regulates photomorphogenesis pathways in Arabidopsis', *Molecular Plant* 14 (6): 983.

20. Calvo, P., Trewavas, A. (2020), 'Cognition and intelligence of green plants: Information for animal scientists', *Biochemical and Biophysical Research Communications* 564: 78–85.

21. Mellerowicz, E. J., Immerzeel, P., Hayashi, T. (2008), 'Xyloglucan: the molecular muscle of trees', *Annals of Botany* 102: 659–665; Gorshkova, T., Brutch, N., Chabbert, B., Deyholos, M., Hayashi, T., Lev-Yadun, S., Mellerowicz, E. J., Morvan, C., Neutelings, G., Pilate, G. (2012), 'Plant fiber formation: state of the art, recent and expected progress, and open questions', *Critical Reviews in Plant Sciences* 31: 201–228.

22. Calvo, P., Gagliano, M., Souza, G. M., Trewavas, A. (2020), 'Plants are intelligent, here's how', *Annals of Botany* 125: 11–28.

23. Biernaskie, J. M. (2011), 'Evidence for competition and cooperation among climbing plants', *Proceedings of the Royal Society B: Biological Sciences* 278: 1989–1996.

第一章　植物盲

1. James, W. (1890), *The Principles of Psychology*. London: Macmillan.

2. Bar-On, Y. M., Phillips, R., Milo, R. (2018), 'The biomass distribution on Earth', *Proceedings of the National Academy of Sciences* 115: 201711842.

3. Alcaraz Ariza, F. (1998), *Guía de las plantas del Campus Universitario de Espinardo*. EDITUM.

4. Balas, B., Momsen, J. L. (2014), 'Attention "blinks" differently for plants and animals', *CBE – Life Sciences Education* 13: 437–443; Shapiro, K. L., Arnell, K. M., Raymond, J. E. (1997), 'The attentional blink', *Trends in Cognitive Sciences* 1: 291–296.

5. Norretranders, T. (1998), *The User Illusion*. New York: Viking.

6. Wandersee, J. H., Schussler, E. E. (2001), 'Towards a theory of plant blindness', *Plant Science Bulletin* 47: 2–9.

7. Wandersee, J. H., Schussler, E. E. (1999), 'Preventing plant blindness', *American Biology Teacher* 61: 82–86; Wandersee and Schussler (2001), 6.

8. 见 Kew, Royal Botanic Gardens' *State of the World's Plants and Fungi* report, available online at www.kew.org/SOTWPF.

9. Richards, D. D., Siegler, R. S. (1984), 'The effects of task requirements on children's life judgments', *Child Development* 55: 1687–1696; Richards, D. D., Siegler, R. S. (1986), 'Children's understanding of the attributes of life', *Journal of Experimental Child Psychology* 42: 1–22; Bebbington, A. (2005), 'The ability of A-level students to name plants', *Journal of Biological Education* 39: 62–67; Yorek, M., Sahin, M., Aydin, H. (2009), 'Are animals "more alive" than plants? Animistic-anthropocentric construction of life concept', *Eurasia Journal of Mathematics, Science & Technology Education* 5: 369–378.

10. Brenner, E. D. (2017), 'Smartphones for teaching plant movement', *The American Biology Teacher* 79: 740–745.

11. Lawrence, N., Calvo, P. (2022), 'Learning to see "green" in an ecological crisis'. In Weir, L., ed., *Philosophy as Practice in the Ecological Emergency: An Exploration of Urgent Matters*. Berlin: Springer.

12. Lovejoy, A. O. (1936), *The Great Chain of Being: A Study of the History of an Idea*. Cambridge, MA: Harvard University Press.

13. Gibson, J. J. (1979), *The Ecological Approach to Visual Perception*. Boston, MA: Houghton Mifflin.

14. Khattar, J., Calvo, P., Vandebroek, I., Pandolfi, C., Dahdouh-Guebas, F. (2022), 'Understanding transdisciplinary perspectives of plant intelligence: is it a matter of science, language or subjectivity?' , *Journal of Ethnobiology and Ethnomedicine* 18: 41.

15. Descola, P. (2009), 'Human natures', *Social Anthropology* 17: 145–157; Balding, M., Williams, K. J. H. (2016), 'Plant blindness and the implications for plant conservation', *Conservation Biology* 30: 1192–1199.

16. Churchland, P. S. (2002), *Brain-wise: Studies in Neurophilosophy*. Cambridge, MA: MIT Press.

17. Barnes, R. S. K, Hughes, R. N. (1999), *An Introduction to Marine Ecology*, pp. 117–141. 3rd edition, Oxford: Blackwell Science.

18. Fox, M. D., Elliott Smith, E. A., Smith, J. E., Newsome, S. D. (2019), 'Trophic plasticity in a common reef-building coral: Insights from δ 13 C analysis of essential amino acids', *Functional Ecology* 33: 2203–2214.

19. Churchland, P. S. (1986), *Neurophilosophy: Toward a Unified Science of the Mind-brain*. Cambridge, MA: MIT Press.

20. Qi, Y., Wei, W., Chen, C., Chen, L. (2019), 'Plant root-shoot biomass allocation over diverse biomes: A global synthesis', *Global Ecology and Conservation* 18: e00606.

21. Hodge, A. (2009), 'Root decisions', *Plant, Cell and Environment* 32: 628–640; Novoplansky, A. (2019), 'What plant roots know?' , *Seminars in Cell and Developmental Biology* 92: 126–133.

22. Baluška, F., Mancuso, S., Volkmann, D., Barlow, P. W. (2009), 'The "root-brain" hypothesis of Charles and Francis Darwin: Revival after more than 125 years', *Plant Signaling & Behavior* 4: 1121–1127.

23. Baluška, F., Mancuso, S. (2009), 'Plants and animals: Convergent evolution in action?' In F. Baluška, ed., *Plant Environment Interactions: From sensory plant biology to active plant behavior*. Berlin: Springer, pp. 285–301.

24. Barlow, P. W. (2006), 'Charles Darwin and the plant root apex: closing a gap in living systems theory as applied to plants'. In Baluška, F., Mancuso, S., Volkmann D., eds., *Communication in Plants*, pp. 37–51. Berlin: Springer; Kutschera, U., Nicklas, K. J. (2009), 'Evolutionary plant physiology: Charles Darwin's forgotten synthesis', *Naturwissenschaften* 96: 1339–1354.

25. Mackay, D. S., Savoy, P. R., Grossiord, C., Tai, X., Pleban, J. R., Wang, D. R., McDowell, N. G., Adams, H. D., Sperry, J. S. (2020). 'Conifers depend on established roots during drought: results from a coupled model of carbon allocation and hydraulics', *New Phytologist* 225: 679–692. Mackay quoted in Hsu, C. (2 Jan 2020), 'How do conifers survive droughts? Study points to existing roots, not new growth', *UBNow* www.buffalo.edu/ubnow/campus.host.html/content/shared/university/news/ub-reporter-articles/stories/2020/01/conifers-drought.detail.html.

26. Sheldrake, M. (2020), *Entangled Life: How Fungi Make Our Worlds, Change Our Minds and Shape Our Futures*. London: Random House.

27. Smith, M. L., Bruhn, J. N., Anderson, J. B. (1992), 'The fungus *Armillaria bulbosa* is among the largest and oldest living organisms', *Nature* 356: 428–431.

28. Bell, B. F. (1981), 'What is a plant? Some children's ideas', *New Zealand Science Teacher* 31: 10–14.

29. Camerarius, R. J. (1694). *De Sexu Plantarum Epistola*. University of Tübingen, Germany. See also Žárský, V., Tupý, J. (1995), 'A missed anniversary: 300 years after Rudolf Jacob Camerarius. "De sexu plantarum epistola"', *Sexual Plant Reproduction* 8: 375–376; Funk, H. (2013), 'Adam Zalužanský's "De sexu plantarum" (1592). An early pioneering chapter on plant sexuality', *Archives of Natural History* 40: 244–256.

30. Specht, C. D., Bartlett, M. E. (2009), 'Flower evolution: the origin and subsequent diversification of the angiosperm flower', *Annual Review of Ecology, Evolution, and Systematics* 40: 217–243; Doyle, J. A. (2012), 'Molecular and fossil evidence on the origin of angiosperms', *Annual Review of Earth and Planetary Sciences* 40: 301–326.

31. Beiler, K. J., Durall, D. M., Simard, S. W., Maxwell, S. A., Kretzer, A. M. (2010), 'Mapping the wood-wide web: mycorrhizal networks link multiple Douglas-fir cohorts', *New Phytologist* 185: 543–553.

32. Kull, K. (2016), 'The biosemiotic concept of the species', *Biosemiotics* 9: 61–71.

33. Nakagaki, T., Yamada, H., Tóth, Á. (2000), 'Maze-solving by an amoeboid organism', *Nature* 407: 470.

34. Sanders, D., Nyberg, E., Eriksen, B., Snæbjørnsdóttir, B. (2015), '"Plant blindness": Time to find a cure', *The Biologist* 62: 9.

第二章　寻求植物的视角

1. 引文见 Desmond, A., Moore, J. R. (1992), *Darwin*. London: Penguin。又见 Darwin to J. Hooker, 5 Mar. 1863, *Darwin Archive*, Cambridge University Library, 115: 184; De Beer, Sir G., 'Darwin's Journal', *Bulletin of the British Museum (Natural History)*, Historical Series 2 (1959): 16; Colp, R. (1977), *To Be an Invalid*. Chicago: University of Chicago Press, pp. 74–75; F. Darwin (1887), *Life and Letters of Charles Darwin*, 3 vols, 3: 312–313; Allan, M. (1977), *Darwin and His Flowers: The Key to Natural Selection*. London: Faber & Faber, ch. 12 (from Desmond and Moore)。

2. Darwin, C. (1865), 'On the movements and habits of climbing plants', *Botanical Journal of the Linnean Society* 9: 1–118. 达尔文曾经受到美国植物学家、哈佛大学的阿萨·格雷（Asa Gray）的研究的影响。在关于藤本植物的文章中，达尔文写道（1865: 1）："我对这个课题产生兴趣，是因为阿萨·格雷教授写的一篇有趣但太短的论文（1858），他在其中描写了一些葫芦科植物的卷须运动。他给我寄了一些种子，我在种植过程中对卷须和茎的旋转运动深感着迷和困惑，这些运动虽然看似非常复杂，其实却很简单，我接着取得了其他各种藤本，对整个课题做了研究。"［见 Isnard, S., Silk, W. K. (2009), 'Moving with climbing plants from Charles Darwin's time into the 21st century', *American Journal of Botany* 96: 1205–1221。］

3. Desmond and Moore, *Darwin*, 42–3. 我们今天对这些"弹簧"的解读都可以追溯到达尔文的研究 (Gerbode, S. J., Puzey, J. R., McCormick, A. G., Mahadevan, L. (2012), 'How the cucumber tendril coils and overwinds', *Science* 337: 1087)。

4. Darwin, C. (1875), *The Movements and Habits of Climbing Plants*, pp. 12–13. London: John Murray. 想了解回顾性观点，请看 Heslop-Harrison, J. (1979), 'Darwin and the movement of plants: A retrospect'. In *Proceedings of the 10th International Conference on Plant Growth Substances*, Madison, Wisconsin, 22–26 July 1979, pp. 3–14. Berlin and Heidelberg: Springer.（这篇文章对应于纪念达尔文"*The Power of Movement in Plants*, 1880"一文发表一百周年的一场演讲。）

5. De Chadarevian, S. (1996), 'Laboratory science versus country-house experiments. The controversy between Julius Sachs and Charles Darwin', *British Journal for the History of Science* 29: 17–41. 又见 Calvo, P., Trewavas, A. (2020), 'Physiology and the (neuro)biology of plant behaviour: A farewell to arms', *Trends in Plant Science* 25: 214–216。

6. 赫顿是现代地质学的奠基者。见 Hutton, J. (1788), 'Theory of the Earth; or an investigation of the laws observable in the composition, dissolution, and restoration of land upon the Globe', *Transactions of the Royal Society of Edinburgh*, vol. 1, Part 2, pp. 209–304。

7. 见查尔斯・达尔文的 *Notebook B*, 1837，原稿存于剑桥大学图书馆，其中有达尔文手绘的最早的一棵生命之树。

8. Burnett, F. H. (1911), *The Secret Garden*. New York: Frederick A. Stokes.

9. Dawkins, R. (1996), *Climbing Mount Improbable*. New York: Norton.

10. Land, M. F., Fernald, R. D. (1992), 'The evolution of eyes', *Annual Review of Neuroscience* 15: 1–29.

11. Heslop-Harrison, 'Darwin and the movement of plants: A retrospect'; De Chadarevian, 'Laboratory science versus country-house experiments'.

12. Calvo, P., Baluška, F., Trewavas, A. (2021), 'Integrated information as a possible basis for plant consciousness', *Biochemical and Biophysical Research Communications* 564: 158–165.

13. Pirici, A., Calvo, P. (2022), 'Sensing the living: promoting the perception of plants', *Cluj Cultural Centre–Studiotopia–Art meets Science in the Anthropocene*.

14. https://youtu.be/FtCFCkQsBtg. 谢谢 Stefano Mancuso 最先向我推荐这支视频。

15. Ebel, F., Hagen, A., Puppe, K., Roth, H. J., Roth J. (1974), 'Beobachtungen über das bewegungsverhalten des Pollinariums von *Catasetum Jimbriatum* Lindl. Während Abschuß, Flug und Landung', *Flora* 163: 342–356; Nicholson, C.C., Bales, J. W., Palmer-Fortune, J. E., Nicholson, R. G. (2008), 'Darwin's bee-trap: The kinetics of Catasetum, a new world orchid', *Plant Signaling & Behavior* 3: 19–23; Simons, P. (1992), *The Action Plant, Movement and Nervous Behavior in Plants*. Oxford: Blackwell.

16. Darwin, C. (1962), 'Catasetidæ, the most remarkable of all orchids', *On the Various Contrivances by which British and Foreign Orchids are Fertilised by Insects* , pp. 211–85. London: John Murray. 又见 Darwin, C. (1862), 'On the three remarkable sexual forms of *Catasetum tridentatum*, an orchid in the possession of the Linnean Society', *Proceedings of the Linnean Society of London* (Botany) 6: 151–157; Darwin, C. (1877), *The Different Forms of Flowers on Plants of the Same Species*. London: John Murray; Darwin, C. (1876), *The Effects of Cross and Self Fertilisation in the Vegetable Kingdom*.

London: John Murray.

17. Heider, F., Simmel, M. (1944), 'An experimental study of apparent behavior', *American Journal of Psychology* 57: 243–249. See https://www.youtube.com/watch?v=VTNmLt7QX8E.

18. Scholl, B. J., Tremoulet. P. D. (2000), 'Perceptual causality and animacy', *Trends in Cognitive Sciences* 4: 299–309.

19. Agassi, J. (1964), 'Analogies as generalizations', *Philosophy of Science* 31: 4; Agassi, J., 'Anthropomorphism in science'. In Wiener, P. P., ed. (1968, 1973), *Dictionary of the History of Ideas: Studies of Selected Pivotal Ideas*, pp. 87–91. New York: Scribner.

20. Reed, E. S. (2008), *From Soul to Mind: The Emergence of Psychology from Erasmus Darwin to William James*. New Haven and London: Yale University Press.

21. Andrews, K., Huss, B. (2014), 'Anthropomorphism, anthropectomy, and the null hypothesis', *Biology & Philosophy* 29: 711–729.

22. Taiz, L., Alkon, D., Draguhn, A., Murphy, A., Blatt, M., Hawes, C., Thiel, G., Robinson, D. G. (2019), 'Plants neither possess nor require consciousness', *Trends in Plant Science* 24: 677–687.

23. Calvo and Trewavas, 'Physiology and the (neuro)biology of plant behaviour'.

24. Raja, V., Silva, P. L., Holghoomi, R., Calvo, P. (2020), 'The dynamics of plant nutation', *Scientific Reports* 10: 19465.

25. Calvo, P. (2016), 'The philosophy of plant neurobiology: A manifesto', *Synthese* 193: 1323–1343.

第三章　聪明的植物行为

1. http://www.linv.org.

2. Mugnai, S., Azzarello, E., Masi, E., Pandolfi, C., Mancuso, S. (2015), 'Nutation in plants'. In Mancuso, S., Shabala, S., eds., *Rhythms in Plants*, pp. 19–34. Berlin: Springer.

3. Darwin, C., Darwin, F. (1880), *The Power of Movement in Plants*. London: John Murray.

4. Baillaud, L. (1962), 'Les mouvements d'exploration et d'enroulement des plantes volubiles'. In Aletse L. et al., eds., *Handbuch der Pflanzenphysiologie*, pp. 637–715. Berlin: Springer; Millet, B., Melin, D., Badot, P.-M. (1988), 'Circumnutation in *Phaseolus*

vulgaris. I. Growth, osmotic potential and cellular structure in the free-moving part of the shoot', *Physiologia Plantarum* 72: 133–138; Badot, P.-M., Melin, D., Garrec, J. P. (1990), 'Circumnutation in *Phaseolus vulgaris* L. II. Potassium content in the free-moving part of the shoot', *Plant Physiology and Biochemistry* 28: 123–130; Millet, B., Badot, P.-M. (1996), 'The revolving movement mechanism in *Phaseolus*; New approaches to old questions'. In Greppin, H., Degli Agosti, R., Bonzon, M., eds., *Vistas on Biorhythmicity*, pp. 77–98. Geneva: University of Geneva; Caré, A. F., Nefedev, L., Bonnet, B., Millet, B., Badot, P.-M. (1998), 'Cell elongation and revolving movement in *Phaseolus vulgaris* L. twining shoots', *Plant and Cell Physiology* 39: 914–921.

5. Darwin, C. (1875), *The Movements and Habits of Climbing Plants*, pp. 12–13. London: John Murray.

6. Desmond, A., Moore, J. R. (1992), *Darwin*. London: Penguin.

7. 协助我的是 Vicente Raja，他曾经是我的学生，目前是加拿大韦仕敦大学大脑及心灵研究所（Brain and Mind Institute）的博士后，2016 年时在 MINT 实验室做访问研究员。关于这次实验布置的细节和视频见 Calvo, P., Raja, V., Lee. D. N. (2017), 'Guidance of circumnutation of climbing bean stems: An ecological exploration', *bioRxiv:*122358; Raja, V., Silva, P. L., Holghoomi, R., Calvo, P. (2020), 'The dynamics of plant nutation', *Scientific Reports* 10: 19465。

8. 感谢来自波兰卢布林省居里夫人大学生物学及生化研究所的玛丽亚·斯托拉日（Maria Stolarz），她用她的程序 Circumnutation Tracker（第一个分析植物旋转运动的免费开源工具）为我们绘图。见 Stolarz, M., Żuk, M., Król, E., Dziubin´ska, H. (2014), 'Circumnutation Tracker: novel software for investigation of circumnutation', *Plant Methods* 10: 24。

9. Segundo-Ortin, M., Calvo, P. (2019), 'Are plants cognitive? A reply to Adams', *Studies in History and Philosophy of Science* 73: 64–71.

10. Kumar, A., Memo, M., Mastinu, A. (2020), 'Plant behaviour: an evolutionary response to the environment?', *Plant Biology* 22: 961–970.

11. Vandenbussche, F., Van Der Straeten, D. (2007), 'One for all and all for one: Cross-talk of multiple signals controlling the plant phenotype', *Journal of Plant Growth Regulation* 26: 178–187; Hou, S., Thiergart, T., Vannier, N., Mesny, F., Ziegler, J., Pickel, B., Hacquard, S. (2021), 'A microbiota–root–shoot circuit favours *Arabidopsis* growth

over defence under suboptimal light', *Nature Plants* 7: 1078–1092.

12. 想了解达尔文与"根脑"（root-brain）假说有关的这句引文的更广泛背景，见Baluška, F., Mancuso, S., Volkmann, D., Barlow, P. (2009), 'The "root-brain" hypothesis of Charles and Francis Darwin: Revival after more than 125 years', *Plant Signaling & Behavior* 4: 1121–1127。

13. Allen, P. H. (1977), *The Rain Forests of Golfo Dulce*. Stanford, CA: Stanford UP.

14. Bodley, J. H., Benson, F. C. (1980), 'Stilt-root walking by an iriateoid palm in the Peruvian Amazon', *Biotropica* 12: 67–71.

15. Leopold, A. C., Jaffe, M. J., Brokaw, C. J., Goebel, G. (2000), 'Many modes of movement', *Science* 288: 2131–2132; Huey, R. B., Carlson, M., Crozier, L., Frazier, M., Hamilton, H., Harley, C., Kingsolver, J. G. (2002), 'Plants versus animals: do they deal with stress in different ways?' *Integrative and Comparative Biology* 42: 415–423.

16. Suetsugu, K., Tsukaya, H., Ohashi, H. (2016), '*Sciaphila yakushimensis* (Triuridaceae), A new mycoheterotrophic plant from Yakushima Island, Japan', *Journal of Japanese Botany* 91: 1–6.

17. Baldwin, I. T., Halitschke, R., Paschold, A., von Dahl, C. C., Preston, C. A. (2006), 'Volatile signaling in plant-plant interactions: "talking trees" in the genomics era', *Science*, 311(5762): 812–815; Dicke, M., Agrawal, A. A., Bruin, J. (2003), 'Plants talk, but are they deaf?', *Trends in Plant Science*, 8(9): 403–405.

18. Orrock, J., Connolly, B., Kitchen, A. (2017), 'Induced defences in plants reduce herbivory by increasing cannibalism', *Nature Ecology & Evolution* 1: 1205–1207.

19. Ryan, C. M., Williams, M., Grace, J., Woollen, E., Lehmann, C. E. R. (2017), 'Pre-rain green-up is ubiquitous across southern tropical Africa: implications for temporal niche separation and model representation', *New Phytologist* 213: 625–633.

20. Atamian, H. S., Creux, N. M., Brown, E. A., Garner, A. G., Blackman, B. K., Harmer, S. L. (2016), 'Circadian regulation of sunflower heliotropism, floral orientation, and pollinator visits', *Science* 353: 587–590.

21. Fisher, F. J. F., Fisher, P. M. (1983), 'Differential starch deposition: a "memory" hypothesis for nocturnal leafmovements in the suntracking species *Lavatera cretica L.*', *New Phytologist* 94: 531–536.

22. 从下面的论文中可以看到在寻找植物认知的背景之下，对康沃尔锦葵重新定位行为的讨论：Calvo Garzón, F. (2007), 'The quest for cognition in plant neurobiology', *Plant Signaling & Behavior* 2: e1。又见 García Rodríguez, A., Calvo Garzón, P. (2010), 'Is cognition a matter of representations? Emulation, teleology, and time-keeping in biological systems', *Adaptive Behavior* 18: 400–415。

23. Mittelbach, M., Kolbaia, S., Weigend, M., Henning, T. (2019), 'Flowers anticipate revisits of pollinators by learning from previously experienced visitation intervals', *Plant Signaling & Behavior* 14: 1595320.

24. Novoplansky, A. (2009), 'Picking battles wisely: Plant behaviour under competition', *Plant, Cell & Environment* 32: 726–741.

25. De Kroon, H., Visser, E. J. W., Huber, H., Hutchings, M. J. (2009), 'A modular concept of plant foraging behaviour: The interplay between local responses and systemic control', *Plant, Cell & Environment* 32: 704–712.

26. 比如植物能读出它们自身的形态（Hamant, O., Moulia, B. (2016), 'How do plants read their own shapes?', *New Phytologist* 212: 333e337）；能感觉到声音（Khaita, T. I., Obolskib, U., Yovelc, Y., Hadanya, L. (2019), 'Sound perception in plants', *Seminars in Cell & Developmental Biology* 92: 134–138）；能感觉到磁场（Galland, P., Pazur, A. (2005), 'Magnetoreception in plants', *Journal of Plant Research* 118: 371–389; Maffei, M.E. (2014), 'Magnetic field effects on plant growth, development, and evolution', *Frontiers in Plant Science* 5: 445）。植物还能解读与光线有关的许多不同线索（Paik, I., Huq, H. (2019), 'Plant photoreceptors: Multifunctional sensory proteins and their signaling T networks', *Seminars in Cell and Developmental Biology* 92: 114–121）。植物也能感觉到热量（Vu, L. D., Gevaert, K., De Smet, I. (2019), 'Feeling the heat: Searching for plant thermosensors', *Trends in Plant Science* 24: 210–219）。植物还能感知许多其他东西。详见下文综述：Calvo, P., Trewavas, A. (2020), 'Cognition and intelligence of green plants: Information for animal scientists', *Biochemical and Biophysical Research Communications* 564: 78–85。

27. Dittrich, M., Mueller, H.M., Bauer, H., Peirats-Llobet, M., Rodriguez, P. L., Geilfus, C.-M., Carpentier, S. C., Al Rasheid, K. A. S., Kollist, H., Merilo, E., Herrmann, J., Müller, T., Ache, P., Hetherington, A., Hedrich, R. (2019), 'The role of Arabidopsis ABA receptors from the PYR/PYL/RCAR family in stomatal acclimation and closure signal integration', *Nature Plants* 5: 1002–1011.

28. Xu, B., Long, Y., Feng, X., Zhu, X., Sai, N., Chirkova, L., Betts, A., Herrmann, J., Edwards, E. J., Okamoto, M., Hedrich, R., Gilliham, M. (2021), 'GABA signalling modulates stomatal opening to enhance plant water use efficiency and drought resilience', *Nature Communications* 12: 1–13.

29. Schenk, H. J., Callaway, R. M., Mahall, B. E. (1999), 'Spatial root segregation: Are plants territorial?', *Advances in Ecological Research* 28: 145–180; Gruntman, M., Novoplansky, A. (2004), 'Physiologically-mediated self/nonself discrimination in roots', *Proceedings of the National Academy of Sciences* 101: 3863–3867; Falik, O., Reides, P., Gersani, M., Novoplansky, A. (2005), 'Root navigation by self inhibition', *Plant, Cell & Environment* 28: 562–569; Novoplansky, A. (2019), 'What plant roots know?', *Seminars in Cell and Developmental Biology* 92: 126–133; Singh, M., Gupta, A., Laxmi, A. (2017), 'Striking the right chord: Signaling enigma during root gravitropism', *Frontiers in Plant Science* 8: 1304; Vandenbrink, J. P., Kiss, J. Z. (2019), 'Plant responses to gravity', *Seminars in Cell & Developmental Biology* 92: 122–125.

30. Bastien, R., Bohr, T., Moulia, B., Douady, S. (2013), 'Unifying model of shoot gravitropism reveals proprioception as a central feature of posture control in plants', *Proceedings of the National Academy of Sciences* 110: 755–760; Dumais, J. (2013), 'Beyond the sine law of plant gravitropism', *Proceedings of the National Academy of Sciences* 110: 391–392.

31. Elhakeem, A., Markovic, D., Broberg, A., Anten, N. P. R., Ninkovic, V. (2018), 'Aboveground mechanical stimuli affect belowground plant-plant communication', *PLoS ONE* 13: e0195646.

32. Falik, O., Hoffmann, I., Novoplansky, A. (2014), 'Say it with flowers', *Plant Signaling & Behavior* 9: e28258.

33. Gaillochet, C., Lohmann, J. U. (2015), 'The never-ending story: from pluripotency to plant developmental plasticity', *Development* 142: 2237–2249.

34. Leopold, A. C., Jaffe, M. J., Brokaw, C. J., Goebel, G. (2000), 'Many modes of movement', *Science* 288: 2131–2132.

35. Trewavas, A. (2009), 'What is plant behaviour?', *Plant, Cell & Environment* 32: 606–616.

36. Palacio-Lopez, K., Beckage, B., Scheiner, S., Molofsky, J. (2015), 'The ubiquity

of phenotypic plasticity in plants: a synthesis', *Ecology and Evolution* 5: 3389–3400; Schlichting, C. D. (1986), 'The evolution of phenotypic plasticity in plants', *Annual Review of Ecology and Systematics* 17: 667–693; Sultan, S. E. (2015), *Organism and Environment: Ecological Development, Niche Construction, and Adaptation*. Oxford: Oxford University Press.

37. Calvo, P. (2018), 'Plantae'. In Vonk, J., Shackelford, T. K., eds., *Encyclopedia of Animal Cognition and Behavior*. New York: Springer.

38. Segundo-Ortin, M., Calvo, P. (2021), 'Consciousness and cognition in plants', *Wiley Interdisciplinary Reviews: Cognitive Science*, e1578.

39. Calvo, P., Gagliano, M., Souza, G. M., Trewavas, A. (2020), 'Plants are intelligent, here's how', *Annals of Botany* 125: 11–28.

40. 见 Baldwin, I. T. (2010), 'Plant volatiles', *Current Biology* 20: R392. 目前通常在食品和酒精业或者香水业使用的气相色谱法－质谱联用技术能够揭示每一种挥发性有机化合物中的组成分子，以及植物传达的讯息中的特定挥发物浓度。

41. Knudsen, J. T., Eriksson, R., Gershenzon, J., Ståhl, B. (2006), 'Diversity and distribution of floral scent', *The Botanical Review* 72: 1.

42. Vivaldo, G., Masi, E., Taiti, C., Caldarelli, G., Mancuso, S. (2017), 'The network of plants volatile organic compounds', *Scientific Reports* 7: 11050.

43. 另一个著名的例子是大麦和蓟，后者低语而前者倾听，见 Glinwood, R., Ninkovic, V., Pettersson, J., Ahmed, E. (2004), 'Barley exposed to aerial allelopathy from thistles (*Cirsium spp.*) becomes less acceptable to aphids', *Ecological Entomology* 29: 188–195。

44. Arimura, G., Ozawa, R., Shimoda, T., Nishioka, T., Boland, W., Takabayashi, J. (2000), 'Herbivory-induced volatiles elicit defence genes in lima bean leaves', *Nature* 406: 512–513.

45. Passos, F. C. S., Leal, L. C. (2019), 'Protein matters: ants remove herbivores more frequently from extrafloral nectarybearing plants when habitats are protein poor', *Biological Journal of the Linnean Society* XX: 1–10.

46. Dudley, S. A., File, A. L. (2007), 'Kin recognition in an annual plant', *Biology Letters* 3: 435–438; Biedrzycki, M. L., Bais, H. P. (2010), 'Kin recognition: another biological function for root secretions', *Plant Signaling & Behavior* 5: 401–402;

Biedrzycki, M. L., Jilany, T. A., Dudley, S. A., Bais, H. P. (2010), 'Root exudates mediate kin recognition in plants', *Communicative & Integrative Biology* 3: 28–35.

47. Bais, H. P. (2015), 'Shedding light on kin recognition response in plants', *New Phytologist* 205: 4–6; Crepy, M. A., Casal, J. J. (2015), 'Photoreceptor-mediated kin recognition in plants', *New Phytologist* 205: 329–338.

48. Cahill Jr, J. F., McNickle, G. G., Haag, J. J., Lamb, E. G., Nyanumba, S. M., St Clair, C. C. (2010), 'Plants integrate information about nutrients and neighbors', *Science* 328: 1657.

49. Delory, B. M. (2016), 'Root-emitted volatile organic compounds: can they mediate belowground plant-plant interactions?', *Plant Soil* 402: 1–26; Semchenko, M., Saar, S., Lepik, A. (2014), 'Plant root exudates mediate neighbour recognition and trigger complex behavioural changes', *New Phytologist* 204: 631–637; Chen, B. J. W., During, H. J., Anten, N. P. (2012), 'Detect thy neighbor: identity recognition at the root level in plants', *Plant Science* 195: 157–167.

50. Dener, E., Kacelnik, A., Shemesh, H. (2016), 'Pea plants show risk sensitivity', *Current Biology* 26: 1763–1767.

51. Karban, R., Orrock, J. L. (2018), 'A judgement and decisionmaking model for plant behaviour', *Ecology* 99: 1909e1919; Gruntman, M., Groß, D., Májeková, M., Tielbörger, K. (2017), 'Decision-making in plants under competition', *Nature Communications* 8: 2235; Schmid, B. (2016), 'Decision-making: Are plants more rational than animals?', *Current Biology* 26: R675–R678.

52. Roblin 指出："胡克在一个世纪前的《显微图谱》(*Micrographia*，1665）中就写到了第一个关于含羞草的生理学实验：'触碰任何一条长着叶片的小枝，那条小枝上的所有叶片便会结对收缩，将上表面合拢起来。在小枝上叶片之间的位置滴一滴硝酸，枝上的叶片便会突然闭合，其他枝条上较低的叶片也会相继闭合。'"见 Roblin, G. (1979), '*Mimosa pudica*: a model for the study of the excitability in plants', *Biological Reviews* 54: 135–153。

53. Hiernaux, Q. (2019), 'History and epistemology of plant behaviour: a pluralistic view?', *Synthese* 198: 3625–3650.

54. Pfeffer, W. (1873), *Physiologische untersuchungen*. Leipzig: Springer; see also Bose, J. C. (1906), *Plant Response*. London: Longmans, Green and Co.

55. Gagliano, M., Renton, M., Depczynski, M., Mancuso, S. (2014), 'Experience teaches plants to learn faster and forget slower in environments where it matters', *Oecologia* 175: 63–72.

56. Tafforeau, M., Verdus, M. C., Norris, V., Ripoll, C., Thellier, M. (2006), 'Memory processes in the response of plants to environmental signals', *Plant Signaling & Behavior* 1: 9–14.

57. 这里也应指出，莫妮卡的研究测量的其实不是生长而是位置：见 Holmes, E., Gruenberg, G. (1965), 'Learning in plants', *Worm Runner's Digest* 7: 9–12; Holmes, E., Yost, M. (1966), '"Behavioral" studies in the sensitive plant', *Worm Runner's Digest* 8: 38–40。

58. Gagliano, M., Vyazovskiy, V. V., Borbély, A. A., Grimonprez, M., Depczynski, M. (2016), 'Learning by association in plants', *Scientific Reports* 6: 38427.

59. Darwin, *The Power of Movement in Plants*, pp. 460–461.

60. Latzel, V., Münzbergová, Z. (2018), 'Anticipatory behavior of the clonal plant *Fragaria vesca*', *Frontiers in Plant Science* 9: 1847.

61. 正面结果见 Armus, H. L. (1970), 'Conditioning of the sensitive plant, Mimosa pudica', In Denny, M. R., Ratner, S. C., eds., *Comparative Psychology: Research in Animal Behavior*. Homewood, IL: Dorsey Press, pp. 597–600。不明确的结果见 Haney, R. E. (1969), 'Classical conditioning of a plant: Mimosa pudica', *Journal of Biological Psychology* 11: 5–12; Levy, E., Allen, A., Caton, W., Holmes, E. (1970), 'An attempt to condition the sensitive plant: Mimosa pudica', *Journal of Biological Psychology* 12: 86–87 – for a review see Adelman, B. E. (2018), 'On the conditioning of plants: A review of experimental evidence', *Perspectives on Behavior Science* 41: 431–446; Gagliano, M., Vyazovskiy, V. V., Borbély, A. A., Depczynski, M., Radford, B. (2020), 'Comment on "Lack of evidence for associative learning in pea plants"', *eLife* 9: e61141; Markel, K. (2020), 'Lack of evidence for associative learning in pea plants', *eLife* 9: e57614; Markel, K. (2020), 'Response to comment on "Lack of evidence for associative learning in pea plants"', *eLife* 9: e61689，这些都是近期关于植物联想性学习的研究，有的提出了证据，有的指出证据不足。

62. Bhandawat, A., Jayaswall, K., Sharma, H., Roy, J. (2020), 'Sound as a stimulus in associative learning for heat stress in Arabidopsis', *Communicative & Integrative Biology*

13: 1–5.

第四章　植物的神经系统

1. Bose, Sir J. C. (1926), *The Nervous Mechanism of Plants*. London: Longmans, Green and Co.

2. Shepherd, V. A. (2005), 'From semi-conductors to the rhythms of sensitive plants: the research of J.C. Bose', *Cellular and Molecular Biology* 51: 607–619; Minorsky, P. V. (2021), 'American racism and the lost legacy of Sir Jagadis Chandra Bose, the father of plant neurobiology', *Plant Signaling & Behavior* 16: 1818030.

3. Georgia O'Keeffe (1939), *Iao Valley, Maui (Papaya Tree)*, oil on canvas（火奴鲁鲁艺术博物馆，由乔治亚·欧姬芙基金会赠予）。见 Groake, J. L., Papanikolas, T. (eds) (2018), *Georgia O'Keeffe: Visions of Hawai'i*. New York: New York Botanical Garden。

4. Darwin, C. (1875), *Insectivorous Plants*. London: John Murray. Quoted in Volkov, A. G., ed. (2006), *Plant Electrophysiology*. Berlin: Springer.

5. Umrath, K. (1930), 'Untersuchungen über Plasma und Plasmaströmung an Characeen', *Protoplasma* 9: 576–597.

6. Volkov (ed.), *Plant Electrophysiology*.

7. Li, J.-H., Fan, L. F., Zhao, D. J., Zhou, Q., Yao, J. P., Wang, Z. Y., Huang, L. (2021), 'Plant electrical signals: A multidisciplinary challenge', *Journal of Plant Physiology* 261: 15341.

8. Fromm, J., Lautner, S. (2007), 'Electrical signals and their physiological significance in plants', *Plant, Cell & Environment* 30: 249–257.

9. Stahlberg, R., Cleland, R. E., Van Volkenburgh, E. (2006), 'Slow wave potentials – a propagating electrical signal unique to higher plants'. In Baluška, F., Mancuso, S., Volkmann, D., eds., *Communication in Plants: Neuronal Aspects of Plant Life*. New York: Springer.

10. Baluška, F. (2010), 'Recent surprising similarities between plant cells and neurons', *Plant Signaling & Behavior* 5: 87–89.

11. https://www.sciencealert.com/this-creeping-slimeis-changinghow-we-think-about-intelligence.

12. Ramakrishna, A., Roshchina, V. V., eds. (2019), *Neurotransmitters in Plants: Perspectives and Applications*. Boca Raton, FL: Taylor and Francis.

13. Bouché, N., Lacombe, B., Fromm, H. (2003), 'GABA signaling: a conserved and ubiquitous mechanism', *Trends in Cell Biology* 13: 607–610.

14. Bouché N., Fromm, H. (2004), 'GABA in plants: just a metabolite?', *Trends in Plant Science 9*: 110–115.

15. Calvo, P. (2016), 'The philosophy of plant neurobiology: A manifesto', *Synthese* 193: 1323–1343.

16. Toyota, M., Spenser, D., Sawai-Toyota, S., Jiaqi, W., Zhang, T., Koo, A. J., Howe, G. A., Gilroy, S. (2018), 'Glutamate triggers long-distance, calcium-based plant defense signalling', *Science* 361: 1112–1115.

17. Brenner, E. D., Stahlberg, R., Mancuso, S., Vivanco, J., Baluška, F., Van Volkenburgh, E. (2006), 'Plant neurobiology: an integrated view of plant signaling', *Trends in Plant Science* 11: 1380–1386.

18. Forde, B. G., Lea, P. J. (2007), 'Glutamate in plants: metabolism, regulation, and signalling', *Journal of experimental botany* 58: 2339–2358; Baluška, F., Mancuso, S. (2009), 'Plants and animals: convergent evolution in action?' In *Plant–Environment Interactions*, pp. 285–301. Berlin and Heidelberg: Springer; Baluška, F. (2010), 'Recent surprising similarities between plant cells and neurons', *Plant Signaling & Behavior* 5: 87–89.

19. Morrens, J., Aydin, Ç., van Rensburg, A. J., Rabell, J. E., Haesler, S. (2020), 'Cue-evoked dopamine promotes conditioned responding during learning', *Neuron* 106: 142–153.

20. Antoine, G. (2013), 'Plant learning: an unresolved question', Master BioSciences, Département de Biologie, Ecole Normale Supérieure de Lyon.

21. Mallatt, J., Blatt, M. R., Draguhn, A., Robinson, D. G., Taiz, L. (2020), 'Debunking a myth: plant consciousness', *Protoplasma* 258: 459–476.

22. Klejchova, M., Silva-Alvim, F. A., Blatt, M. R., Alvim, J. C. (2021), 'Membrane voltage as a dynamic platform for spatio-temporal signalling, physiological and developmental regulation', *Plant Physiology* 185(4): 1523–1541.

23. 作者个人通信。

24. https://www.scientificamerican.com/article/doplants-think-daniel-chamovitz.

25. 作者个人通信。

26. 当然没有结束。争论仍在继续，见 Van Volkenburgh, E., Mirzaei, K., Ybarra, Y. (2021), 'Understanding plant behavior: a student perspective', *Trends in Plant Science* 26: 423–425; Mallatt, J., Robinson, D. G., Draguhn, A., Blatt, M., Taiz, L. (2021), 'Understanding plant behavior: a student perspective: response to Van Volkenburgh et al.', *Trends in Plant Science* 26: 1089–1090; Van Volkenburgh, E. (2021), 'Broadening the scope of plant physiology: response to Mallatt et al', *Trends in Plant Science* 26: 1091–1092。

27. Machery, E. (2012), 'Why I stopped worrying about the definition of life . . . and why you should as well', *Synthese* 185: 145–164.

28. Miguel-Tomé, S., Llinás, R. R. (2021), 'Broadening the definition of a nervous system to better understand the evolution of plants and animals', *Plant Signaling & Behavior* 10: e1927562.

29. Lucas, W. J., Groover, A., Lichtenberger, R., Furuta, K., Yadav, S.-R., Helariutta, Y., He, X.-Q., Fukuda, H., Kang, J., Brady, S. M., Patrick, J. W., Sperry, J., Yoshida, A., Lopez-Milan, A.-F., Grusak, M. A., Kachroo, P. (2013), 'The plant vascular system: Evolution, development and functions', *Journal of Integrative Plant Biology* 55: 294–388.

30. Souza, G. M., Ferreira, A. S., Saraiva, G. F. R., Toledo, G. R. A. (2017), 'Plant "electrome" can be pushed towards a self-organized critical state by external cues: Evidences from a study with soybean seedlings subject to different environmental conditions', *Plant Signaling & Behavior* 12: e1290040.

31. Richard Axel 访谈，出自 2009 年的纪录片《天生痴迷：科学家的成长》（*Naturally Obsessed: The Making of a Scientist*）的网站，见 http://naturallyobsessed.com。

32. Szent-Györgyi, A., 'Electronic Mobility in Biological Processes'. In Breck, A. D., Yourgrau, W., eds. (1972), *Biology, History, and Natural Philosophy*. New York: Plenum Press. 谢谢 František Baluška 告诉了我这段引语。

33. Tolman, E. C. (1958), *Behavior and Psychological Man:Essays in Motivation and Learning*. California: University of California Press. 谢谢 Vicente Raja 告诉了我这段引语。

34. Cvrčková, F., Žarský, V., Markoš, A. (2016), 'Plant studies may lead us to rethink

the concept of behavior', *Frontiers in Psychology* 7: 622.

35. Heras-Escribano, M., Calvo, P. (2020), 'The philosophy of plant neurobiology'. In Robins, S., Symons, J., Calvo, P., eds., *The Routledge Companion to Philosophy of Psychology*, pp. 529–547. London and New York: Routledge.

第五章　植物会思考吗?

1. Siegel, E. H., Wormwood, J. B., Quigley, K. S., Barrett, L. F. (2018), 'Seeing what you feel: Affect drives visual perception of structurally neutral faces', *Psychological Science* 29: 496–503.

2. 这张相片最早刊登在《生命（*Life*）》: 58; 7 1965-02-19, p. 120。后重印于 Gregory, R. (1970), *The Intelligent Eye*, New York: McGraw-Hill (photographer: Ronald C. James)。

3. Gregory, R. L. (2005), The Medawar Lecture 2001: 'Knowledge for vision: vision for knowledge', *Philosophical Transactions of the Royal Society B: Biological Sciences* 360: 1231–1251.

4. Ge, X., Zhang, K., Gribizis, A., Hamodi, A. S., Martinez Sabino, A., Crair, M. C. (2021), 'Retinal waves prime visual motion detection by simulating future optic flow', *Science* 373: eabd0830.

5. 见 Clark, A. (1997), *Being There: Putting Brain, Body, and World Together Again*. Cambridge, MA: MIT Press.

6. Clark, A., Chalmers, D. (1998), 'The Extended Mind', *Analysis* 58: 7–19.

7. MacFarquhar, L. (2 Apr 2018), 'The Mind-Expanding Ideas of Andy Clark', Annals of Thought, *New Yorker*.

8. Clark, A. (2016), *Surfing Uncertainty: Prediction, Action, and the Embodied Mind*. New York: Oxford University Press. 对于预测性加工的介绍见 Wiese, W., Metzinger, T. (2017), 'Vanilla PP for philosophers: A primer on predictive processing'. In Metzinger, T., Wiese, W., eds., *Philosophy and Predictive Processing* 1. Frankfurt am Main: MIND Group。

9. Friston, K. (2005), 'A theory of cortical responses', *Philosophical Transactions of the Royal Society B: Biological Sciences*, 360 (1456): 815–836.

10. Friston, K. (2009), 'The free-energy principle: A rough guide to the brain?',

Trends in Cognitive Sciences, 13 (7): 293–301.

11. Calvo, P., Friston, K. (2017), 'Predicting green: really radical (plant) predictive processing', *Journal of the Royal Society Interface* 14: 20170096.

12. Galvan-Ampudia, C. S., Julkowska, M. M., Darwish, E., Gandullo, J., Korver, R. A., Brunoud, G. et al. (2013), 'Halotropism is a response of plant roots to avoid a saline environment', *Current Biology* 23: 2044–2050; Rosquete, M. R., Kleine-Vehn, V. (2013), 'Halotropism: turning down the salty date', *Current Biology* 23: R927–R929.

13. Parida, A. K., Das, A. B. (2005), 'Salt tolerance and salinity effects on plants: a review', *Ecotoxicology and Environmental Safety* 60: 324–349.

14. Calvo and Friston, 'Predicting green'.

15. Snow, P. (2018), *Tales from Wullver's Hool: The Extraordinary Life and Prodigious Works of Jessie Saxby*. Lerwick: Shetland Times Ltd.

16. Hatfield, G. (2020), 'Rationalist roots of modern psychology'. In Robins, S., Symons, J., Calvo, P., eds., *The Routledge Companion to Philosophy of Psychology*. 2nd edition, London and New York: Routledge. 话虽如此，笛卡儿仍可能在一定程度上参与了对植物的另类研究，虽然贡献甚微。见 Baldassarri, F. (2019), 'The mechanical life of plants: Descartes on botany', *The British Journal for the History of Science* 52: 41–63。

17. Boden, M. A. (2006), *Mind as Machine: A History of Cognitive Science*, 2 vols. Oxford: Oxford University Press.

18. Fodor, J. A. (1968), *Psychological Explanation: An Introduction to the Philosophy of Psychology*. New York: Random House.

19. Marr, D. (1982), *Vision*. San Francisco: Freeman.

第六章　生态学上的认知

1. Rumelhart, D. E., McClelland, J. L., PDP Research Group (1986), *Parallel Distributed Processing: Explorations in the Microstructure of Cognition*, Vol. 1. Cambridge, MA: MIT Press; Rolls, E. T., Treves, A. (1998), *Neural Networks and Brain Function*. Oxford: Oxford University Press; O'Reilly, R., Munakata, Y. (2000), *Computational Explorations in Cognitive Neuroscience*. Cambridge, MA: MIT Press; Marcus, G. F. (2001), *The Algebraic Mind: Integrating Connectionism and Cognitive*

Science. Cambridge, MA: MIT Press.

2. Wilkes, M. (1975), 'How Babbage's dream came true', *Nature* 257: 541–544.

3. Aiello, L. C. (2016), 'The multifaceted impact of Ada Lovelace in the digital age', *Artificial Intelligence* 235: 58–62.

4. Karihaloo, B. L., Zhang, K., Wang, J. (2013), 'Honeybeecombs: how the circular cells transform into rounded hexagons', *Journal of the Royal Society Interface* 10: 20130299.

5. Simon, H. A. (1969), *The Sciences of the Artificial*. Cambridge, MA: MIT Press.

6. Gibson, J. J. (1979), *The Ecological Approach to Visual Perception*. Boston, MA: Houghton Mifflin.

7. Mace, W. (1977), 'James J. Gibson's strategy for perceiving: Ask not what's inside your head, but what's your head inside of'. In Shaw, R., Bransford, J., eds., *Perceiving, Acting, and Knowing: Towards an Ecological Psychology*. Hillsdale, NJ: Erlbaum. See also Bruineberg, J., Rietveld, E. (2019), 'What's inside your head once you've figured out what your head's inside of', *Ecological Psychology*, 31:3, 198–217.

8. Chemero, A. (2011), *Radical Embodied Cognitive Science*. Cambridge, MA: MIT Press.

9. Lee, D. N., Reddish, P. L. (1981), 'Plummeting gannets: A paradigm of ecological optics', *Nature* 293: 293–294.

10. Lee, D. N., Bootsma, R. J., Frost, B. J., Land, M., Regan, D. (2009). 'General Tau Theory: Evolution to date', Special Issue: Landmarks in Perception, *Perception* 38: 837–858.

11. Turvey, M. T. (2018), *Lectures on Perception: An Ecological Perspective*. New York: Routledge.

12. Gibson, J. J., ed. (1947), *Motion Picture Testing and Research Report No. 7*. Washington, DC: US Government Printing Office.

13. Gibson, J. J. (1966), *The Senses Considered as Perceptual Systems*. Boston, MA: Houghton Mifflin; Gibson, *The Ecological Approach to Visual Perception*.

14. Calvo, P., Raja, V., Lee, D. N. (2017), 'Guidance of circumnutation of climbing bean stems: An ecological exploration', *bioRxiv* 122358.

第七章　做一株植物是什么感觉？

1. Nagel, T. (1974), 'What is it like to be a bat?', *Philosophical Review* 83: 435–450.

2. Abbott, S. (2020), 'Filming with nonhumans'. In Vannini, P., *The Routledge International Handbook of Ethnographic Film and Video*. Abingdon and New York: Routledge.

3. The Tree Listening Project (A. Metcalf, 2019), https://www.treelistening.co.uk, 这也是邱园 "The Secret World of Plants" 展览的一部分，展览时间是 2021 年 5 月至 9 月。

4. Jackson, F. (1982), 'Epiphenomenal qualia', *Philosophical Quarterly* 32: 127–136.

5. Churchland, P. M. (1985), 'Reduction, qualia, and the direct introspection of brain states', *Journal of Philosophy* 82: 8–28.

6. 谢谢保罗在二十年后再次提醒我这个例子中的细节。更多分析请看他的著作：Churchland, P. M. (1979), *Scientific Realism and the Plasticity of Mind*. Cambridge: Cambridge University Press (section 4, 'The Expansion of Perceptual Consciousness')。

7. Mather, J. A., Dickel, L. (2017), 'Cephalopod complex cognition', *Current Opinion in Behavioral Sciences* 16: 131–137; Bayne, T., Brainard, D., Byrne, R. W., Chittka, L., Clayton, N., Heyes, C., Mather, J., Ölveczky, B., Shandlen, M., Suddendorf, T., Webb, B. (2019), 'What is cognition?', *Current Biology* 29: R603–R622.

8. Godfrey-Smith, P. (2016), *Other Minds: The Octopus and the Evolution of Intelligent Life*. Glasgow: William Collins.

9. Dawson, J. H., Musselman, L. J., Wolswinker, P., Dorr, I. (1994), 'Biology and control of *Cuscuta*', *Review of Weed Science* 6: 265–317; Gaertner, E. E. (1950), *Studies of Seed Germination, Seed Identification, and Host Relationships in Dodders, Cuscuta spp.: Memoir.* Ithaca, NY: Cornell Agricultural Experiment Station 294.

10. Runyon, J., Mescher, M., Moraes, C. D. (2006), 'Volatile chemical cues guide host location and host selection by parasitic plants', *Science* 313: 1964–1967; Johnson, B. I., De Moraes, C. M., Mescher, M. C. (2016), 'Manipulation of light spectral quality disrupts host location and attachment by parasitic plants in the genus *Cuscuta*', *Journal of Applied Ecology* 53: 794–803; Hegenauer, V., Slaby, P., Körner, M., Bruckmüller, J.-A., Burggraf, R., Albert, I., Kaiser, B., Löffelhardt, B., Droste-Borel, I., Sklenar, J., Menke, F. L. H., Macˇek, B., Ranjan, A., Sinha, N., Nürnberger, T., Felix, G., Krause, K., Stahl,

M., Albert, M. (2020), 'The tomato receptor CuRe1 senses a cell wall protein to identify *Cuscuta* as a pathogen', *Nature Communications* 11: 5299; Ballaré, C. L., Scopel, A. L., Roush, M. L., Radosevich, S. R. (1995), 'How plants find light in patchy canopies. A comparison between wild-type and phytochrome-B-deficient mutant plants of cucumber', *Functional Ecology* 9(6): 859–868; Benvenuti, S., Dinelli, G., Bonetti, A., Catizone, P. (2005), 'Germination ecology, emergence and host detection in *Cuscuta campestris*', *Weed Research* 45: 270–278; Parise, A. G., Reissig, G. N., Basso, L. F., Senko, L. G. S., Oliveira, T. F. C., de Toledo, G. R. A., Ferreira, A. S, Souza, G. M. (2021), 'Detection of different hosts from a distance alters the behaviour and bioelectrical activity of *Cuscuta racemosa*', *Frontiers in Plant Science* 12: 594195.

11. Strong, D. R. J., Ray, T. S. J. (1975), 'Host tree location behavior of a tropical vine (*Monstera gigantea*) by skototropism', *Science* 190: 804–806.

12. Price, A. J., Wilcut, J. W. (2007), 'Response of ivyleaf morningglory (*Ipomoea hederacea*) to neighboring plants and objects', *Weed Technology* 21: 922–927.

13. Baillaud, L. (1962), 'Mouvements autonomes des tiges, vrilles et autre organs'. In Ruhland, W., ed., *Encyclopedia of Plant Physiology*, XVII: Physiology of Movements, part 2, pp. 562–635. Berlin: Springer-Verlag.

14. Vaughn, K. C., Bowling, A. J. (2011), 'Biology and physiology of vines'. In Janick, J., ed., *Horticultural Reviews* 38. 实际上，研究发现藤本会选择特定的宿主，见 Gianoli, E. (2015), 'The behavioural ecology of climbing plants', *AoB Plants* 7: plv013。

15. Parise, A. G., Reissig, G. N., Basso, L. F., Senko, L. G. S., Oliveira, T. F. C., de Toledo, G. R. A., Ferreira, A. S., Souza, G. M. (2021), 'Detection of different hosts from a distance alters the behaviour and bioelectrical activity of *Cuscuta racemosa*', *Frontiers in Plant Science* 12: 594195.

16. “生物符号学”（biosemiotics）这一术语在20世纪60年代初由弗里德里希·S. 罗斯柴尔德（Friedrich S. Rothschild）创造，从前人们一直把它和波罗的海的生物学家雅各布·冯·于克斯库尔（Jakob von Uexküll）联系在一起。Rothschild, F. S. (1962), 'Laws of symbolic mediation in the dynamics of self and personality', *Annals of New York Academy of Sciences* 96: 774–784；见 Kull, K., Deacon, T., Emmeche, C., Hoffmeyer, J., Stjernfelt, F. (2009), 'Theses on biosemiotics: Prolegomena to a theoretical biology', *Biological Theory* 4: 167–173.

17. Jennings, H. S. (1906), *Behavior of the Lower Organisms*. New York: Columbia University Press.

18. Dexter, J. P., Prabakaran, S., Gunawardena, J. (2019), 'A complex hierarchy of avoidance behaviors in a single-cell eukaryote', *Current Biology* 29: 4323–4329.

19. Uexküll, J. (1921), *Umwelt und Innenwelt der Tiere*. 2nd edition. Berlin: Springer; Uexküll, J. (1940, 1982), 'The theory of meaning', *Semiotica* 42: 25–82.

20. Krampen, M. (1981), 'Phytosemiotics', *Semiotica* 36: 187–209.

21. Montgomery, S. (1991), *Walking with the Great Apes: Jane Goodall, Dian Fossey, Birutė Galdikas*. Boston, MA: Houghton Mifflin.

22. Gibson, J. J. (1979), *The Ecological Approach to Visual Perception*. Boston, MA: Houghton Mifflin.

23. Gibson, J. J. (1966), *The Senses Considered as Perceptual Systems*. Boston, MA: Houghton Mifflin.

24. Raja, V. (2018), 'A theory of resonance: Towards an ecological cognitive architecture', *Minds & Machines* 28: 29–51.

25. Michaels, C., Carello, C. (1981), *Direct Perception*. Englewood Cliffs, NJ: Prentice-Hall.

26. 见 Baluška, F., Mancuso, S. (2016), 'Vision in plants via plant-specific ocelli?', *Trends in Plant Science* 21: 727–730. 有人对目前关于植物视觉的假说做了艺术演绎，见 Sarah Abbott's 的短片 *Gestures toward Plant Vision*: https://www.youtube.com/watch?v=D5HTR2QfTkc。

27. Vandenbrink, J. P., Kiss, J. Z. (2019), 'Plant responses to gravity', *Seminars in Cell & Developmental Biology* 92: 122–125.

28. Aliperti, J. R., Davis, B. E., Fangue, N. A., Todgham, A. E., Van Vuren, D. H. (2021), 'Bridging animal personality with space use and resource use in a free-ranging population of an asocial ground squirrel', *Animal Behaviour* 180: 291–306.

29. Barrett, L. P., Benson-Amram, S. (2021), 'Multiple assessments of personality and problem-solving performance in captive Asian elephants (*Elephas maximus*) and African savanna elephants (*Loxodonta africana*)', *Journal of Comparative Psychology* 135: 406–419.

30. Reed-Guy, S., Gehris, C., Shi, M., Blumstein, D. T. (2017), 'Sensitive

plant (*Mimosa pudica*) hiding time depends on individual and state', *PeerJ Life and Environment* 5: e3598.

31. Kaminski, J., Waller, B. M., Diogo, R., Hartstone-Rose, A., Burrows, A. M. (2019), 'Evolution of facial muscle anatomy in dogs', *Proceedings of the National Academy of Sciences* 116: 14677–14681.

32. Hasing, T., Rinaldi, E., Manrique, S., Colombo, L., Haak, D. C., Zaitlin, D., Bombarely, A. (2019), 'Extensive phenotypic diversity in the cultivated Florist's Gloxinia, *Sinningia speciosa* (Lodd.) Hiern, is derived from the domestication of a single founder population', *Plants, People, Planet* 1: 363–374.

33. Wu, D., Lao, S., Fan, L. (2021), 'De-domestication: An extension of crop evolution', *Trends in Plant Science* 26: 560–574; Scossa, F., Fernie, A. R. (2021), 'When a crop goes back to the wild: Feralization', *Trends in Plant Science* 26: 543–545.

34. Spengler, R. N. (2020), 'Anthropogenic seed dispersal: Rethinking the origins of plant domestication', *Trends in Plant Science* 25: 340–348; Spengler, R. N., Petraglia, M., Roberts, P., Ashastina, K., Kistler, L., Mueller, N. G., Boivin, N. (2021), 'Exaptation traits for megafaunal mutualisms as a factor in plant domestication', *Frontiers in Plant Science* 12: 43.

第八章　植物的解放

1. Mallatt, J., Blatt, M. R., Draguhn, A., Robinson, D. G., Taiz, L. (2020), 'Debunking a myth: Plant consciousness', *Protoplasma* 258: 459–476.

2. Segundo-Ortin, M., Calvo, P. (2021), 'Consciousness and cognition in plants', *Wiley Interdisciplinary Reviews:Cognitive Science* e1578.

3. Anderson, D. J., Adolphs, R. (2014), 'A framework for studying emotions across species', *Cell* 157: 187–200.

4. Barr, S., Laming, P. R., Dick, J. T. A., Elwood, R. W. (2008), 'Nociception or pain in a decapod crustacean?', *Animal Behaviour* 75: 745–751.

5. Singer, P. (1975; 2009), *Animal Liberation: The Definitive Classic of the Animal Movement*. Updated edition, New York: HarperCollins.

6. Key, B. (2015), 'Fish do not feel pain and its implications for understanding phenomenal consciousness', *Biology and Philosophy* 30: 149–165; Key, B. (2016), 'Why fish do not feel pain', *Animal Sentience* 3: 1.

7. Dawkins, R. (1986), *The Blind Watchmaker*, p. 37. New York: Norton. From Lent, J. (2021), *The Web of Meaning*. London: Profile Books.

8. Woodruff, M. (2018), 'Sentience in fishes: more on the evidence', *Animal Sentience* 2: 16. 鱼类的感知相当于 Feinberg 和 Mallatt 所说的"感觉意识"（sensory consciousness）[Feinberg, T. E., Mallatt, J. M. (2016), *The Ancient Origins of Consciousness: How the Brain Created Experience*. Cambridge, MA: MIT Press]、Merker 所说的"核心意识"（core consciousness）[Merker, B. (2007), 'Consciousness without a cerebral cortex: A challenge for neuroscience and medicine', *Behavioral and Brain Sciences* 30: 63–81] 以及 Edelman 所说的"初级意识"（primary consciousness）[Edelman, G. M. (2003), 'Naturalizing consciousness: a theoretical framework', *Proceedings of the National Academy of Sciences* 100: 5520–5524]。

9. Portavella, M., Torres, B., Salas, C. (2004), 'Avoidance response in goldfish: emotional and temporal involvement of medial and lateral telencephalic pallium', *Journal of Neuroscience* 24: 2335–2342.

10. Vargas, J. P., López, J. C., Portavella, M. (2009), 'What are the functions of fish brain pallium?' , *Brain Research Bulletin* 79: 436–440.

11. Calvo, P., Sahi, V. P., Trewavas, A. (2017), 'Are plants sentient?' *Plant, Cell & Environment* 40: 2858–2869; Baluška, F. (2010), 'Recent surprising similarities between plant cells and neurons', *Plant Signaling & Behavior* 5: 87–89; Baluška, F., Mancuso, S. (2013), 'Ion channels in plants. From bioelectricity to behavioural actions', *Plant Signaling & Behaviour* 8: e23009; Arnao, M. B., Hernández-Ruiz, J. (2015), 'Functions of melatonin in plants: a review', *Journal of Pineal Research* 59: 133–150.

12. Lew, T. T. S, Koman, V. B., Silmore, K. S., Seo, J. S., Gordiichuk, P., Kwak, S.-Y., Park, M., Ang, M. C., Khong, D. T., Lee, M. A., Chan-Park, M. B., Chua, N.-M., Strano, M. S. (2020), 'Real-time detection of wound-induced H_2O_2 signalling waves in plants with optical nanosensors', *Nature Plants* 6: 404; Zhang, L., Takahashi, Y., Hsu, P.-K., Hannes, K., Merilo, E., Krysan, P. J., Schroeder, J. I. (2020), 'FRET kinase sensor development reveals SnRK2/OST1 activation by ABA but not by MeJA and high CO_2 during stomatal closure', *eLife* 9: e56351.

13. Taylor, J. E. (1891), *The Sagacity and Morality of Plants. A Sketch of the Life and Conduct of the Vegetable Kingdom*. New edition, London: Chatto & Windus. 感谢 Alan

Costall 提供了这些引文。

14. 布鲁克林学院及纽约城市大学研究生中心荣休教授。

15. Reber, A. S. (2019), *The First Minds: Caterpillars, Karyotes and Consciousness*. New York: Oxford University Press.

16. Baluška, F., Reber, A. (2019), 'Sentience and consciousness in single cells: How the first minds emerged in unicellular species', *BioEssays* 41: 1800229.

17. Mitchell, A., Romano, G. A., Groisman, B., Yona, A., Dekel, E., Kupiec, M., Dahan, O., Pilpel, Y. (2009), 'Adaptive prediction of environmental changes by microorganisms', *Nature* 460: 220–224; Tagkopoulos, I., Liu, Y.-C., Tavazoie, S. (2008), 'Predictive behavior within microbial genetic networks', *Science* 320: 1313–1317; Calvo, P., Baluška, F., Trewavas, A. (2021), 'Integrated information as a possible basis for plant consciousness', *Biochemical and Biophysical Research Communications* 564: 158–165.

18. Reber, A. S. (2016), 'Caterpillars, consciousness and the origins of mind', *Animal Sentience* 1: 11(1). 雷伯不是第一个对意识做出宽泛理解并将运动作为其先决条件的人。另见 Klein 和 Barron 对昆虫体验的论述："一棵树的生存，并不需要高速度的通用知觉、灵活的规划和精确控制的行动。"［Klein, C., Barron, A. B. (2016), 'Insects have the capacity for subjective experience', *Animal Sentience* 9.］

19. Calvo, P. (2018), 'Caterpillar/basil-plant tandems', *Animal Sentience*, 11 (16).

20. Reber, A. S. (2018), 'Sentient plants? Nervous minds?', *Animal Sentience* 11(17).

21. Reber (2019), *The First Minds.*

22. Stern, P. (2021), 'The many benefits of healthy sleep', *Science* 374: 6567.

23. Taton, A., Erikson, C., Yang, Y., Rubin, B. E., Rifkin, S. A., Golden, J. W., Golden, S. S. (2020), 'The circadian clock and darkness control natural competence in cyanobacteria', *Nature Communications* 11: 1–11.

24. Nath, R. D., Bedbrook, C. N., Abrams, M. J., Basinger, T., Bois, J. S., Prober, D. A., Sternberg, P. W., Gradinaru, V., Goentoro, L. (2017), 'The jellyfish *Cassiopea* exhibits a sleep-like state', *Current Biology* 27: 2984–2990.

25. Leung, L. C. (2019), 'Neural signatures of sleep in zebrafish', *Nature* 571: 198–204; Kupprat, F., Hölker, F., Kloas, W. (2020), 'Can skyglow reduce nocturnal melatonin concentrations in Eurasian perch?', *Environmental Pollution* 262: 114324.

26. Beverly, D. P. (2019), 'Hydraulic and photosynthetic responses of big sagebrush

to the 2017 total solar eclipse', *Scientific Reports* 9: 8839.

27. Baluška. F., Yokawa, K. (2021), 'Anaesthetics and plants: from sensory systems to cognition-based adaptive behaviour', *Protoplasma* 258: 449–454.

28. Tononi, G. (2004), 'An information integration theory of consciousness', *BMC Neuroscience* 5: 1–22; Tononi, G. (2008), 'Consciousness as integrated information: A provisional manifesto', *Biological Bulletin* 215: 216–242; Tononi, G., Koch, C. (2015), 'Consciousness: Here, there and everywhere?', *Philosophical Transactions of the Royal Society B: Biological Sciences* 370: 20140167.

29. Tononi, G., Boly, M., Massimini, M., Koch, C. (2016), 'Integrated information theory: From consciousness to its physical substrate', *Nature Reviews Neuroscience* 17: 450–461.

30. Mediano, P., Trewavas, A., Calvo, P. (2021), 'Information and integration in plants. Towards a quantitative search for plant sentience', *Journal of Consciousness Studies* 28: 80–105; Calvo, P., Baluška, F., Trewavas, A. (2021), 'Integrated information as a possible basis for plant consciousness', *Biochemical and Biophysical Research Communications* 564: 158–165.

31. Borisjuk, L., Rolletschek, H. Neuberger, T. (2012), 'Surveying the plant's world by magnetic resonance imaging', *The Plant Journal* 70: 129–146; Hubeau, M., Steppe, K. (2015), 'Plant-PET scans: In vivo mapping of xylem and phloem functioning', *Trends in Plant Sciences* 20: 676–685; Jahnke, S. (2009), 'Combined MRI–PET dissects dynamic changes in plant structures and functions', *The Plant Journal* 59: 634–644.

32. Massimini, M., Boly, M., Casali, A., Rosanova, M., Tononi, G. (2009), 'A perturbational approach for evaluating the brain's capacity for consciousness'. In Laureys, S. et al., eds., *Progress in Brain Research* 177, pp. 201–214. Amsterdam: Elsevier; Massimini, M., Tononi, G. (2018), *Sizing Up Consciousness: Towards an Objective Measure of the Capacity for Experience*. Oxford: Oxford Scholarship Online.

33. Ludwig, D., Hilborn, R., Walters, C. (1993), 'Uncertainty, resource exploitation, and conservation: lessons from history', *Science* 260: 17–36.

第九章　绿色机器人

1. Frazier, P. A., Jamone, L., Althoefer, K., Calvo, P. (2020), 'Plant bioinspired

ecological robotics' ,*Frontiers in Robotics and AI* 7: 79; Lee, J., Calvo, P. (2022), 'Enacting plantinspired robotics', *Frontiers in Neurorobotics* 15: 772012.

2. Ozkan-Aydin, Y., Murray-Cooper, M., Aydin, E., McCaskey, E. N., Naclerio, N., Hawkes, E. W., Goldman, D. I. (2019), 'Nutation aids heterogeneous substrate exploration in a robophysical root' , *2nd IEEE International Conference on Soft Robotics* (*RoboSoft*), pp. 172–177.

3. Mazzolai, B., Walker, I., Speck, T. (2021), 'Generation GrowBots: Materials, mechanisms, and biomimetic design for growing robots', *Frontiers in Robotics and AI* 8; Taya, M., Van Volkenburgh, E., Mizunami, M., Nomura, S. (2016), *Bioinspired Actuators and Sensors*. Cambridge University Press. 这一节的灵感来自热那亚意大利技术研究院（Italian Institute of Technology）芭芭拉·马佐拉伊（Barbara Mazzolai）的生长机器人项目（GrowBot project），这个项目"受到攀缘植物在生长中运动的能力的启发，为机器人学提出了一种新的颠覆性的运动范式"。见 https://growbot.eu。

4. Yoo, C. Y., He, J., Sang, Q., Qiu, Y., Long, L., Kim, R. J., Chong, E. G., Hahm, J., Morffy, N., Zhou, P., Strader, L. C., Nagatani, A., Mo, B., Chen, X., Chen, M. (2021), 'Direct photoresponsive inhibition of a p53-like transcription activation domain in PIF3 by *Arabidopsis* phytochrome B', *Nature Communications* 12: 1–16; Willige, B. C., Zander, M., Yoo, C. Y., Phan, A., Garza, R. M., Trigg, S. A., He, Y., Nery, J. R., Chen, H., Chen, M., Ecker, J. R., Chory, J. (2021), 'Phytochrome-interacting factors trigger environmentally responsive chromatin dynamics in plants', *Nature Genetics* 53: 955–961.

5. https://forum.frontiersin.org/speakers.

6. Terrer, C. et al. (2019), 'Nitrogen and phosphorus constrain the CO_2 fertilization of global plant biomass', *Nature Climate Change* 9: 684–689; Obringer, R., Rachunok, B., Maia-Silva, D., Arbabzadeh, M., Nateghi, R., Madani, K. (2021), 'The overlooked environmental footprint of increasing Internet use', *Resources, Conservation and Recycling* 167: 105389.

7. Overpeck, J. T., Breshears, D. D. (2021), 'The growing challenge of vegetation change', *Science* 372: 786-787; Alderton, G. (2020), 'Challenges in tree-planting programs', *Science* 368: 616.8.

8. 这部由 Michael Moore 制作、Jeff Gibbs 执导的生态纪录片已经从 YouTube 上被删除，在下面的网址仍可观看：https://planetofthehumans.com。

9. Lawrence, N., Calvo, P. (2022), 'Learning to see "green" in an ecological crisis'. In Weir, L. ed., *Philosophy as Practice in the Ecological Emergency: An Exploration of Urgent Matters*. Berlin: Springer (in press); Segundo-Ortin, M., Calvo, P. (2019), 'Are plants cognitive? A reply to Adams', *Studies in History and Philosophy of Science* 73: 64–71; Segundo-Ortin, M., Calvo, P. (2021), 'Consciousness and cognition in plants', *Wiley Interdisciplinary Reviews: Cognitive Science*, e1578; Baluška, F., Mancuso, S. (2020), 'Plants, climate and humans: plant intelligence changes everything', *EMBO Reports* 21(3): e50109; Calvo, P., Baluška, F., Trewavas, A. (2021), 'Integrated information as a possible basis for plant consciousness', *Biochemical and Biophysical Research Communications* 564: 158–165; Trewavas, A., Baluška, F., Mancuso, S., Calvo, P. (2020), 'Consciousness facilitates plant behavior', *Trends in Plant Science* 25: 216–217.

10. 这一节的标题来自"打造新一代植物灵感工艺"（Towards a new generation of plant-inspired artefacts，https://growbot.eu），这是一个欧洲的项目，作为欧盟未来与新兴技术（Future and Emerging Technologies，简称 FET）的一部分受到赞助。

11. Song, Y., Dai, Z., Wang, Z., Full, R. J. (2020), 'Role of multiple, adjustable toes in distributed control shown by sideways wall-running in geckos', *Proceedings of the Royal Society B: Biological Sciences* 287: 20200123.

12. https://news.mit.edu/2019/mit-mini-cheetah-first-fourlegged-robot-to-backflip-0304.

13. Hawkes, E. W., Majidi, C., Tolley, M. T. (2021), 'Hard questions for soft robotics', *Science Robotics* 6: eabg6049.

14. Isnard, S., Silk, W. K. (2009), 'Moving with climbing plants from Charles Darwin's time into the 21st century', *American Journal of Botany* 96: 1205–1221; Gerbode, S. J. et al. (2012), 'How the cucumber tendril coils and overwinds', *Science* 337: 1087.

15. Yang, M., Cooper, L. P., Liu, N., Wang, X., Fok, M. P. (2020), 'Twining plant inspired pneumatic soft robotic spiral gripper with a fiber optic twisting sensor', *Optics Express* 28: 35158–35167.

16. Frazier, P. A., Jamone, L., Althoefer, K., Calvo, P. (2020), 'Plant bioinspired ecological robotics', *Frontiers in Robotics and AI* 7: 79.

17. Hawkes, E. W., Blumenschein, L. H., Greer, J. D., Okamura, A. M. (2017), 'A soft robot that navigates its environment through growth', *Science Robotics* 2: eaan3028.

See also Del Dottore, E., Mondini, A., Sadeghi, A., Mazzolai, B. (2019), 'Characterization of the growing from the tip as robot locomotion strategy, *Frontiers in Robotics and AI* 6: 45; Laschi, C., Mazzolai, B. (2016), 'Lessons from animals and plants: The symbiosis of morphological computation and soft robotics', *IEEE Robotics & Automation Magazine* 23: 107–114; Sadeghi, A., Mondini, A., Del Dottore, E., Mattoli, V., Beccai, L., Taccola, S., Lucarotti, C., Totaro, M., Mazzolai, B. (2016), 'A plant-inspired robot with soft differential bending capabilities', *Bioinspiration & Biomimetics* 12: 015001.

18. http://www.danielspoerri.org/englisch/home.htm.

19. http://www.rondeeleieren.nl.

20. Terrill, E. C. (2021), 'Plants, partial moral status, and practical ethics', *Journal of Consciousness Studies* 28: 184–209.

21. Weir, L. (2020), *Love is Green: Compassion in Response to the Ecological Emergency*. Wilmington, DE: Vernon Press.

22. Darwin, C. (1871/1981), *The Descent of Man, and Selection in Relation to Sex*. Princeton, NJ: Princeton University Press.

23. Sorabji, R. (1995), 'Plants and animals'. In *Animal Minds and Human Morals: The Origins of the Western Debate*. Ithaca, NY: Cornell University Press.

24. Henkhaus, N. et al. (2020), 'Plant science decadal vision 2020–2030: Reimagining the potential of plants for a healthy and sustainable future', *Plant Direct* 4: e00252.

25. Koechlin, F. (2008), 'The dignity of plants', *Plant Signaling & Behavior* 4: 78–79.

后记　海马体的育肥场

1. Moore, J. R. (1982), 'Charles Darwin lies in Westminster Abbey', *Biological Journal of the Linnean Society* 17: 97–113.

2. https://youtu.be/iG9CE55wbtY.

图片来源

Photo Credits

P29：The Book Worm/Alamy Stock Photo

P36：P. Calvo

P82：*LIFE* Picture Library

P86：Animated Healthcare Ltd/Science Photo Library

P97：P. Calvo

P103：E. Bruce Goldstein（1981），'The ecology of J. J. Gibson's perception'，*Leonardo* 14（3）

P104：P. Calvo，after Anthony Chemero（2009），*Radical Embodied Cognitive Science*. Cambridge，MA：The MIT Press

P120：Anthony Trewavas（2017），'The foundations of plant intelligence'，*Interface Focus* 7（3）

P124：Erich Rome/Fraunhofer IAIS

P125：Kevin C. Vaughn and Andrew J. Bowling（2011），'Biology and physiology of vines'，*Horticultural Reviews* 38

著作权合同登记号：字 18-2023-195

图书在版编目（CIP）数据

植物会思考吗？/（西）帕科·卡尔沃，（英）纳塔莉·劳伦斯著；高天羽译．-- 长沙：湖南科学技术出版社，2025.1. -- ISBN 978-7-5710-3335-4

Ⅰ. Q94-49

中国国家版本馆 CIP 数据核字第 2024Y49U09 号

上架建议：畅销·科普

ZHIWU HUI SIKAO MA?

植物会思考吗？

著　　者：［西］帕科·卡尔沃　［英］纳塔莉·劳伦斯
译　　者：高天羽
出 版 人：潘晓山
责任编辑：刘　竞
监　　制：吴文娟
策划编辑：董　卉
特约编辑：顾笑奕
版权支持：王媛媛
营销编辑：傅　丽
封面设计：利　锐
版式设计：李　洁
出　　版：湖南科学技术出版社
（湖南省长沙市芙蓉中路 416 号　邮编：410008）
网　　址：www.hnstp.com
印　　刷：河北鹏润印刷有限公司
经　　销：新华书店
开　　本：680 mm × 955 mm　1/16
字　　数：214 千字
印　　张：13.75
版　　次：2025 年 1 月第 1 版
印　　次：2025 年 1 月第 1 次印刷
书　　号：ISBN 978-7-5710-3335-4
定　　价：56.00 元

若有质量问题，请致电质量监督电话：010-59096394
团购电话：010-59320018